JN086330

A History of Plants in 50 Fossils

世界を変えた
50の植物化石

著　**ポール・ケンリック** Paul Kenrick

訳　**松倉 真理** Mari Matsukura

監修　**矢部 淳** Atsushi Yabe

Contents

Staff　　日本語版ブックデザイン｜福士大輔
　　　　　　翻訳協力｜株式会社トランネット

はじめに | Introduction

　植物として生きるのは、楽なことではない。まず、決まった一カ所に生涯にわたって根を張るため、必要な栄養分はすべて、運ばれてくるのを待つしかない。身動きがとれないというのは、なんとも心もとないものだ。好ましくない事態が起きても、走って逃げ去ることもできない。快適な環境に身を置けたとしても、生涯のパートナーを自ら探し出すのは不可能だ。花粉が風まかせで運ばれてくるか、運び屋役の生き物たちによって届けられるのを待つしかない。気を引くべきお相手はこの運び屋たちで、そのために色鮮やかな花々や芳香、甘い蜜を駆使する必要がある。おびただしい数の子孫に恵まれても、生まれて間もなく未知なる運命に委ねて手放さなくてはいけない。我が子たちは風に流されるか、何も知らない動物に運んでもらうために美味なる果実を身にまとう。彼らに食べられたのち、ごく少数でも生き延びられれば幸運だ。また植物は、あらゆる生き物のすみかにされる。これをふるい落とすのは至難の業だ——とりわけ、昆虫たちは。昆虫の多くは、隙あらば葉をかじるか、樹液を吸おうともくろむ害虫たちだ。それから、菌類がいる。なかには植物の友——少なくとも良き同志——と呼べる菌類もいる。菌類は岩や土から養分を吸収する能力に長けているので、根の内部に寄生するよう誘い込んで、見返りに糖を与えてやってもいい。一方で、有害な菌類からは身を守らなくてはいけない。

　さて人類はといえば、これほど多種多様な植物を利用してきた生き物もほかにいない。その関わり方は、ごく控えめに言って天然資源の開発、率直に表現すれば無謀な破壊行為だ。植物は建物や家具、衣類、または食料や医薬として利用されてきた。一方で、植物が人類の文化に広く影響を与えてきたことも事実で、その範囲は園芸や芸術、精神面に関わるものまで、多岐にわたる。植物は至るところに存在するのに、その種類や生態について人類が知り得ていることはごくわずかだ。植物はあって当然のものとされ、人類はなおも膨大な量の草木を引き抜き、切り倒している。それが私たちの暮らしから豊かさを遠ざけ、人類そのものの存在を脅かしているというのに。ごく少数のバクテリアを除けば、地球の長い歴史にこれほど多大な影響を与えてきた生物は存在しない。植物は10億年以上前から存在し、黙々と日々の営みを続けてきた。地球に大きな影響を与えながら、強く、しなやかに。その知られざる物語を記すにあたり、本書では地中の奥深くに目を向け、岩石から掘り起こされた植物たちを手がかりにしようと思う。その姿は、一見不可解ながら、目を見張るほどの美しさをたたえたものばかりだ。注意深く調べれば、太古の失われた世界へ続く植物の秘密が見えてくる。

左ページ：約1300万年前（中新世）のポプラの葉の化石。ドイツ南西部のバーデン＝ヴュルテンベルク州にある湖の地層から産出した

5

化石といえば動物ばかりが注目されがちだが、植物の地質記録の多様さには本当に驚かされる。地球上で最も巨大で重たい化石は、木の幹が化石化した珪化木（けいかぼく）だ。その一方、花粉粒は極めて微細で軽く、量も多い。植物が化石化する過程は、じつにさまざまだ。多くの場合は湖や川底の泥や砂の上に落ち、時を経て、茎や葉の形を残して薄いフィルム状に炭化する。多量の植物がこのように保存されると、それは広大な石炭層を形成し、人類はそこから何世代にもわたって燃料源を採掘してきた。植物は立体的な骨格をもたないが、植物組織を形成する細胞壁は堅牢だ。細胞壁の主成分となるセルロースは、樹木や花粉までをも複合高分子で覆って表面を硬くし、水分をはじいて腐敗を防ぐ。この性質により、植物本体が化石化する過程で腐敗して炭化しても、あるいは本体に鉱物質が浸透した場合でも、植物細胞はほぼそのままの形状で保存される。こうした化石のおかげで、私たちは古代植物の内部組織をつぶさに観察し、その進化についてのヒントを得ることができる。これは、動物の化石群ではほぼ不可能だ。

　植物は生涯にわたって無数の葉や種子や花粉を落とし、おのずとバラバラになっていく。化石になるのはたいてい、こういった部位だ。つまり、動物の化石とは異なり、単体の植物から多数の化石が生じることになり、断片や破片からそれぞれ科・属・種が推定される。ずらりと並んだ可能性は、古植物学者にいくらかの難題を突き付けてくる。思いとどまるべき勘違いが生じるときもある。たとえば、ある種の鉱物が結晶成長する形状は植物によく似ているし、海洋の無脊椎動物のコロニー型化石では、骨が樹木の化石と混同される場合がある。各部位が点在して埋没しているため、古代植物の全体像を描くのは容易ではない。大きな植物の破片をつなぎ合わせる作業は、ほぼ不可能か、大勢の人手と数年にわたる年月を必要とする。太古の昔に失われた植物群の手がかりが幸運にも得られるかもしれない、という期待が心の支えだ。ときには運よく予期せぬ発見がもたらされ、知られざる絶滅種のみごとな形態が明らかになる。この仕事にやりがいと興奮を感じるひとときだ。

　海洋を起源とする植物は、川や湖を通じて今から5億年以上前に陸地に上陸した。この「世界を変えた」できごとによって、生命は現代の私たちが知る姿になった。本書では、植物の進化とその多岐にわたる影響について、大きく7つのテーマに分けて語ろうと思う。上陸を果たした最初の植物は、小型で単純な構造をもっていた。この陸上植物の祖先は、バクテリアの働きによって光合成を行う、微小な緑の藻の形状で、湿地に生息する糸状体か単細胞性の生物だったとされている（第1章：植物の起源）。ささやかで頼りなげな幕開けを経て、植物はそれまでの地球上では見られなかった、素晴らしく飛躍的な進化を遂げた。手始めに基本器官と生殖器官を進化させ（第2章：種子・根・葉）、それから果実と花（第7章：花）を備えた。そして数えきれないほどの新たな形態が生じ（第5章：古代の植物）、大きさも桁違いになって高木や低木が生まれ、世界最初の森林を茂らせた（第3章：森林の誕生と発展）。初期の陸上植物が入植した陸地には、地表に近い土壌のなかにバクテリアや菌類、原生生物が多く生息していた。微生物がつくる多様な共同体と

下：偽化石。「デンドライト（忍石）」と呼ばれる二酸化マンガン鉱物で、配列が植物の枝葉によく似ている。
約1億5000万年前（後期ジュラ紀）の鉱石で、ドイツ南東部のバイエルン州ゾルンホーフェンで産出した

の関わりが深まるにつれ、とりわけ植物と菌類の間に共生関係が生まれた。さらに植物は、動物を誘い込むためのあの手この手や、外敵から身を守る秘蔵の武器——その多くは化学物質だ——を駆使するようになった。これは、生物どうしが互いの変化に反応し合うことによって、さらなる変化が誘発されるという相互進化の重要性を裏づけている（第4章：仲間と敵、第7章：花）。果実と花は、植物と動物が長きにわたって築き上げてきた関係を語るうえで欠かせない存在だ。植物が私たち人類に与えてきた多大な影響については、最終章で触れている（最終章：植物と人類）。生物どうしの関係性は本書のテーマのひとつではあるが、一方で植物は、物理的な意味でも地球環境と関わり合ってきた。数億年にわたって地球環境が変化する過程で、植物と地球の間には動的なフィードバックが生じてきた（第6章：気候と多様性）。地表をじわじわと緑で覆った植物は、天上の大気から地中の岩石までにも変化をもたらし、自然界の栄養循環を活性化させ、空気中や水中に化学反応を起こし、時間をかけながら地球全体の気候に影響を及ぼしてきた。これだけ広大なスケールをもって地球と相互に作用してきた植物だが、せいぜい数千年程度の歴史しか感じられない日常生活のなかでそれを実感するのは難しい。しかし、植物は私たちが健康で豊かに、また末永く地球上で暮らすために、不可欠な存在なのだ。

01 | 地球史上最初の光合成の跡

縞状鉄鉱
banded iron

　26億年前の岩石の表面を、途切れながらうねる黄土色と赤茶色の縞模様。目を引くこの色合いは、岩石に含まれる鉄が酸化して生じたものだ。これは「縞状鉄鉱」と呼ばれ、世界各地でほぼ同年代に形成された地層に見られる。この岩石は、世界でも有数の鉄鉱石の産出地であるオーストラリア西部のハマスレー盆地で採取された。海中に溶け出して浅い海に沈殿した鉄は、やがて酸化して不溶性の酸化鉄になったわけだが、この現象に直接的にせよ間接的にせよ、光合成を行う生物が関わっていた。約24億〜21億年前の土壌には酸化鉄が広範囲にわたって形成されたが、一方で当時の河床では、岩石に含まれていた鉱物が早々に酸化して腐食し、消失している。地質記録に残されたこの注目すべき化学変化が示すのは、相当な量の遊離酸素 [1] が初めて空気中に含まれたという事実だ。これこそが、地質学者らが「大酸化事変」と呼ぶ、このうえなく目覚ましいできごとだ。もっとも、最近の研究によれば大酸化事変は従来の説よりも長期間にわたって、ジェットコースターのように上下しながら変遷を繰り返したようだ。光合成により増えた遊離酸素は、大量の鉱物の酸化作用や、地表近くから生じたガスによって消費された。最終的には光合成が優位に立ち、酸素濃度の上昇をもたらして、地球史上最も重要な環境変化が生じたというわけだ。

　今でこそ地球の大気のうち約21%を酸素が占めているが、地球が誕生してから約46億年間の前半の時期、酸素はごくわずかな量しか存在しなかった。酸素の歴史は、バクテリアが光合成という進化を遂げたことに端を発する。光合成とは、生物が太陽光エネルギーを化学エネルギーに変換する反応だが、バクテリアによる光合成にはいくつかの種類がある。そのなかでも重要なのは、副産物として酸素を発生させることだ。この「酸素発生型」と呼ばれる光合成を、約30億年前の太古の時代に獲得したのがシアノバクテリアだ。酸素発生型の光合成では、太陽光と二酸化炭素、水を用いて有機物を合成する。この際に生成された酸素は反応性が高い気体で、地中に堆積した鉱物に含まれる鉄と結びついて酸化を引き起こした。やがて結びつく相手がなくなった酸素は、海中で飽和状態になると大気中に放出された。地球の大気に十分な量の酸素が行きわたるまでにどれほどの時間を要したのか、どのような過程をたどったのかは、いまだに議論が尽きない。少なくとも約15億年前には、大気中の酸素量は1〜10%の間を行き来していた。

　酸素量の上昇は、地球の広範囲にわたって重大な影響を与えた。まず海洋に化学変化が生じ、水中に溶けていた鉄は酸素と結合して不溶性となり、海底に沈殿した。同時に、陸地

[1] —— ほかの元素と結合しない酸素のこと

時代　古原生代
　　　　（約26億年前）
大きさ　幅2.1m（底辺）
産出地　オーストラリア

では酸化した鉱物によって地表の化学組成に変化が生じ、岩石は風化して川に溶け、海へ流れていった。その結果、海は硝酸塩を豊富に含み、今日の私たちが知る海となった。生育に酸素を必要としない嫌気性の生物にとって、酸素はむしろ有害なため、太古の地球で優勢を占めていた嫌気性生物はすみに追いやられ、酸素が届かない場所を求めて地中深くに潜るようになった。初期の地球大気に多量に含まれていたメタンガスなどの温室効果ガスは、酸素の増加に応じて酸化し、これが地球の寒冷化を招いて「スノーボールアース」として知られる氷河作用が生じた。このような環境変化を背景に、生命はそれまでの単細胞生物や単純な糸状体から、複雑で変化に富む多細胞生物へと進化した。その後の動物にまで続く生物の豊かな多様性の広がりは、呼吸による代謝プロセスに不可欠な酸素抜きには語れない。こうした変化にさらに着目すると、酸素を生む光合成という太古のメカニズムは、ある生物の誕生にも結びついている。それは複数グループの藻類となり、そのなかからまさに植物が進化した。私たちが訪ねる植物の歴史は、最初の植物が誕生するよりもっと以前、バクテリアが酸素発生型の光合成を行ったところから始まるのだ。

最初期の真核生物

紅藻の先端
tip of red alga

　円盤を重ねたような細い茎の上には、レンガのように幾重にも積み重なった、ふくらみのある房がのっている。これはカナダ北極圏にあるサマセット島で採取された、約12億年前の紅藻の先端部分で、全体は肉眼でどうにか見えるくらいの小ささだ。毛のような繊維は通常は枝分かれすることなく、抱茎状の付着根によって基部に固定されている。化石になる以前は、赤紫色か錆びたような色合いの一群で、ラグーンの白い石灰泥のあちこちをなめらかな芝のように覆っていたのだろう。この微小な化石は、生物の始まりについて多くを物語っている。まず、紅藻はバクテリア類とは異なり、核膜に包まれた細胞核やミトコンドリアをもつ真核生物だ。現代の主要な生物群である真核生物の最古のものとされ、まず間違いなく光合成も行っていた。化石に光合成の痕跡が認められたわけではないが、現生の紅藻類バンギアと多くの類似点があることから、そう推定されている。また、化石の構造から有性の生活環をもっていた可能性も示唆され、これも現生のバンギアを引き合いに出すと、最初期に有性生殖を行った生物であるのは明らかだ。進化の過程で、原核生物と際立って異なった点はほかにもある。細胞は円盤状からくさび状までさまざまな形状をとり、それ以外の細胞は付着根としてまっすぐ伸びた茎に固定されるために機能している。こうした細胞の差異化は、真核生物の進化の過程を特徴づける早期の兆候だ。増殖した細胞は特定の機能をもって分化し、やがてさまざまな生物組織や器官をつくり、最終的にはより大きく複雑な生物に進化していった。

　紅藻や緑藻のみならず、現在の陸地に自生するおなじみの植物たちは、すべて同じ過程を経て光合成の能力を獲得した——つまりはシアノバクテリアからだ。植物の祖先は、水中に浮遊するシアノバクテリアを捕食する真核生物だった。取り込まれたシアノバクテリアのうち、どういうわけか消化されずに真核生物の細胞内部にとどまったものがいて、それが次世代の細胞に受け継がれた。時を経て、取り込まれたシアノバクテリアは真核細胞に共生してその機能の一部となり、単独で生息する能力を失った。葉緑体の起源を語るこの説は、植物やシアノバクテリアの細胞とそのDNAを驚異的な精度で解析して得られたものだ。12億年以上前に真核生物が光合成を獲得し、より複雑な組織と器官を進化させたこと。それは単純な原核生物が支配していた世界に、劇的な変化をもたらした。そして生物はさらに大型化し、多様化していった。

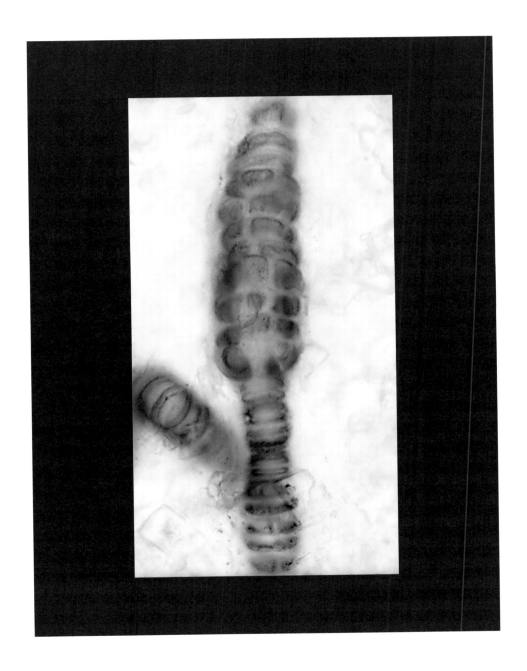

時代　　中原生代（約12億年前）
大きさ　最大直径30μm
産出地　カナダ

03 藻類の繁栄を物語る空洞

コエロスファエリディウム
Coelosphaeridium

　上下逆さの円錐形が並び、果実を想起させるこの興味深い球体の正体について、地質学者たちは長年、頭を悩ませてきた。大きさはエンドウ豆ほど、「空洞の球体」を意味するコエロスファエリディウム*Coelosphaeridium*と名づけられた約4億6500万年前の化石は、これまでにアメーバ状の原生生物の外皮か、あるいは海綿かコケムシか、ヒトデやウニの初期種か、はたまた大型巻き貝の卵かとみなされてきた。今では緑藻類のカサノリ目の一種とされ、すでに絶滅したグループに属するが、明確な分類については結論が出ていない。カサノリ類の現生種は、おもに熱帯の浅い海の内湾やラグーンに生息している。興味深いのは、カサノリ目は単独の巨大細胞のみで成り立っていることだ。単細胞生物の多くは顕微鏡が必要な微小サイズだが、カサノリ目は例外的に肉眼でもはっきりと確認できる大きさなのだ。細胞の姿がそのまま表れている表面は、炭酸カルシウムの堆積物で覆われる。化石として残っているのは、まさにこの外側を覆う石灰化した部分で、なんらかの理由で大量に化石化したために岩の塊のような姿になったのだろう。

　多くの藻類は海洋における一次生産者[1]であり、太陽光から直接取り込んだ光エネルギーと二酸化炭素、水を合わせて有機化合物を合成している。藻類の形態はじつに多様で、赤色・緑色・褐色の大型海藻から、膨大な種類の微小なプランクトンまでを含んでいる。紅藻や緑藻、植物が、細胞内に取り込んだシアノバクテリアから光合成の特性を直接獲得したことは先に触れた（p.10参照）。それは「葉緑体」と呼ばれる細胞小器官に進化したが、生化学や細胞構造、最近ではゲノム解析といった一連の証拠から、褐藻類や黄緑藻類といったほかの藻類とは、光合成の進化過程が異なることが明らかになっている。

　褐藻は、北半球の冷たい海に自生する主要な海藻だ。褐藻の一種であるコンブは60mを超える大きさに育つものもある。褐藻の細胞内で発見された葉緑体は、もとをたどれば単細胞生物の紅藻によってもたらされたものだ。紅藻の細胞は、褐藻の祖先の細胞内に丸ごと取り込まれて保たれたのち、光合成を担う部位になった。長い時間を経て、紅藻の細胞は本来の内容物を失い、光合成を行う葉緑体だけが残った。つまり褐藻の葉緑体は、光合成を行う細胞を、時期を違えて2回獲得した産物といえる。紅藻の細胞を取り込んだのちに、そこから光合成のための細胞構造をつくり出したのだ。なお、私たちが知っている、沿岸に自生する大型の褐藻は、植物の近縁種というわけではない。DNA解析によると、珪藻や水生菌類と共通の祖先をもっているという。

| 1 —— 無機物から有機物を生産する生物。基礎生産者とも

時代　中期オルドビス紀
　　　（約4億6500万年前）
大きさ　幅6cm
産出地　ノルウェー

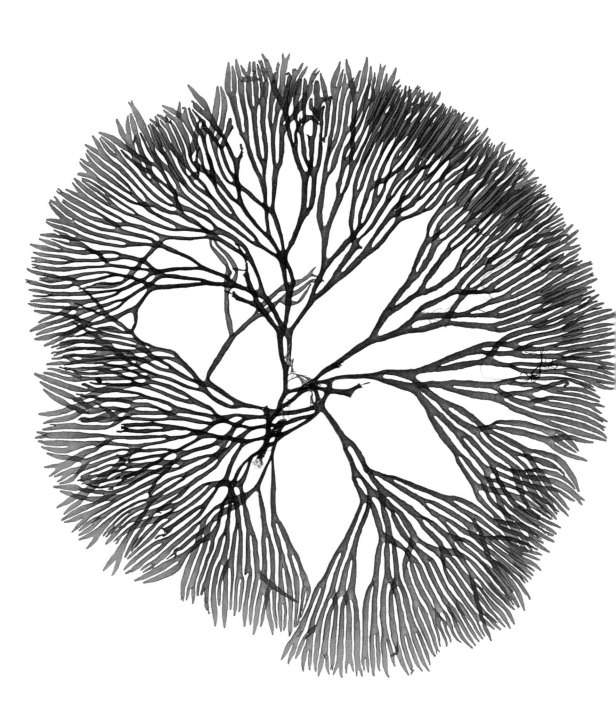

第 1 章 | 植物の起源 | Origins

　現在、世界の海洋に暮らす植物プランクトンの主要な地位を占める微小な藻類は、「生命の樹」である生物進化の系統樹において初期の枝を占めているが、彼らもまた、光合成の能力をおもに紅藻から獲得した。その一例である円石藻（えんせきそう）は、球体の細胞が石灰質の鱗片で鎧（よろい）のように覆われている。また、世界中の海や川などに生育する珪藻は、細胞の形状がさまざまで、外側は模様がくっきりと刻まれたシリカの殻で覆われている。どちらも目に見えないほどの小ささだが、このような植物プランクトンの死骸が大量に積もることで、石灰質やケイ酸塩質に富んだ泥による海洋堆積物が形成されていく。世界のチョーク[2]の多くは堆積した円石藻によって形成され、珪藻は珪藻土という沈殿物のおもな原料となった事実が地質記録に残されている。単細胞生物の植物プランクトンには、ほかにも海水を赤く染める藻類ブルーム、通称「赤潮」を引き起こす渦鞭毛藻（うずべんもうそう）や、青緑色の光を発する生物発光型のものもいる。渦鞭毛藻類のほぼ半数は光合成を行い、褐藻のプロセスと同じく紅藻を経由して光合成を可能にしたものが多い。海洋に暮らす植物を思わせる生物たちの驚くほどの多様性は、水生の真核生物が各々の方法で光合成を可能にし、生命の系統樹が幅広く枝分かれしていった過程を物語っている。

　海洋における藻類の進化の歴史は、微細藻類の化石記録、なかでも石灰に包まれたものを見ると何よりわかりやすい。コエロスファエリディウムは、その類の化石で最も初期のものだ。ほかにも、シスト[3]の形成段階にある植物プランクトンの化石を観察するのもいい。微小なサイズだが、化石の数は潤沢だ。また地球化学の観点から、岩石に残された炭化水素の残留物を観察する方法もある。藻類とシアノバクテリアは、地球上で産出する原油に欠かせない存在だが、それぞれ異なる化学的痕跡を残している。炭化水素の残留物や化石からわかるのは、太古の海洋の一次生産者は時間とともにより多様化していったということだ。まず、原生代の海はシアノバクテリアの天下だった。そして約5億5000万年前、顕生代に入ると緑藻の植物プランクトンが誕生し、のちに緑色と赤色の微細藻類が加わった。海底の生態系にとって重要な藻類だ。だが現代の海洋では、栄養豊富な浅い海では珪藻や渦鞭毛藻、円石藻が優勢で、シアノバクテリアや緑藻は栄養に乏しい大海原の表面に押しやられている。また、後から褐藻も温暖な沿岸に誕生し、白亜紀に入ってから種類を増やしていった。

　こうした海洋の一次生産者の大いなる多様性は、陸上の環境とみごとな対比をなしている。つまり、陸上でも光合成を獲得した植物は登場したが、その祖先をたどれば、みな緑藻に行きつくのである。

[2] ── 円石藻や有孔虫など石灰質の殻をもつ生物の遺骸でできた石灰泥岩。白亜とも
[3] ── 休眠期の植物プランクトンがつくる種子のようなもの

植物が上陸を果たした頃の姿

クックソニア・ペルトニイ
Cooksonia pertoni

1920年代、英国の植物学者ウィリアム・ヘンリー・ラングは、古代の岩石から見つかった奇妙な化石に興味を引かれた。道路沿いにある採石場で、4億2000万年前の砂岩を調査していたときのことだ。砂岩のなかに、細長くてあまり見かけない形状の、フィルム状の炭があった。ラング氏はあちこちに埋もれる化石群の断片をよそに、その枝分かれしてひょろりと伸びた茎と、トランペット状の突起をじっと見つめた。裁縫用の待ち針の半分ほどの大きさしかないうえに、形は不完全で、下半分は不明瞭で欠落もある。だがラング氏は、期待できそうになかったこの化石から、胞子と内部組織の採取に成功し、それがかつて陸上で生育した植物であることに疑いの余地はないと立証してみせた。そして、この化石をクックソニア・ペルトニイ *Cooksonia pertoni* と名づけた。オーストラリア人の著名な植物学者イザベル・クックソンと、採掘場所のイングランド西部・ヘレフォードシャーの集落パートンにちなんだ名前だ。この発見以降、世界各地の同年代の岩石からも多く産出したクックソニアは、陸上の生活に適応した最初の植物に違いないとすっかり有名になった[1]。

現生の植物からクックソニアの類似種を見つけるのは容易ではないが、その単純な構造と各部位の働きは、胞子を含んだ胞子嚢をもつ小さなセン類によく似ている。セン類は、細長くて分岐しない「柄(え)」によって支えられている。セン類の胞子嚢とそれを支える柄は、葉をつけた緑の植物体の茎から成長する。セン類のライフサイクルには、ふたつの段階がある。最初の段階は葉状の植物体で、寿命は年単位と長く、雄株と雌株をつくる。第2段階となる胞子嚢は有性生殖による産物で、寿命はごく短く、特定の季節にのみ成長し、地上から伸びたセン類の胞子嚢は、なかに含んでいた微小な胞子を空気中に拡散させる。クックソニアもまず間違いなく胞子繁殖を行っていた植物だが、セン類とは異なる。ライフサイクルのなかで雌雄の別株をもち得たのかどうかは、今なお謎に包まれている。

もう少し時代が進んだ地層から産出する化石は、陸地に上がった初期の生物群についてさらに多くの情報を与えてくれる。陸生動物のなかで、最も大きく種類も多様だったのは節足動物だ。水辺では、浅い沼地の岸か水に浸った泥のなかにトビムシ類やホウネンエビ類の初期種が生息し、緑藻や菌類、そのほかの原生生物を食べていたと思われる。それよりも乾いた場所には、完全に陸生の機能を備えた生物がいた。ダニ類のほか、ムカデ類やクモ類といったより大型の捕食動物だ。また、土壌での自由生活性を得た細いミミズのような線形動物も存在し、現生種と同じようにバクテリアから栄養を摂っていたと考えられる。土壌の共同体を発展させるうえで、重要な役割を果たす動物だ。そしてコケのような

---

1 —— 現在では、クックソニア・ペルトニイ以前に上陸した植物があったことは判明しているが、その全体像はまだわかっていない

時代 後期シルル紀
（約4億2000万年前）
大きさ 全長1cm
産出地 英国

小さな植物と同様に当時の植物相を形成していたのが、マット状となる多量のシアノバクテリアで、窒素生成のサイクルには欠かせない存在だ。現代とほぼ同じく、植物の生育に必要な無機硝酸塩の化合物は当時も決して豊富ではなかった。シアノバクテリアの一部は、空気中の窒素を取り込んで固定化し、生物や植物にとって有用な形に還元できる。また、菌類も豊富に存在し、分解と炭素循環に重要な役割を果たしていた。ある菌類などは、胞子形成体である子実体 ２ が並はずれて大きく、最初に発見されたときには木の幹とみなされたほどだ。プロトタキシーテス *Prototaxites* と命名されたその子実体は、当時の陸地で最大の構造をもち、高さも体積も植物を優にしのぐほどだったという。

　原始の共同体の化石群は、２種類の異なる生物が互いの利益を通じて共生していた証拠にもなる。共生関係の最初期の事例は、現生の地衣類によく似た複合体生物だ。そこには菌糸組織からできた薄い層に内包された、丸く小さな細胞が確認できる。これは菌類に包まれた共生藻（フォトビオント）で、ここでいう「藻」とは緑藻かシアノバクテリアを指す。現生の地衣類では、共生藻が光合成により炭水化物を生成し、それが菌類の栄養となり、一方で藻類にとっては、菌類の菌糸がつくるミクロ環境が安全なすみかとなり、生成した栄養分を菌類が取り込んでくれるのも都合がよい。こうした太古から続く共生関係が、現在で最も顕著に表れているのが、地表を覆う生物学的土壌クラスト（バイオクラスト）や地衣類、苔類だ。これらは一見、地味な存在だが、強靭な生命力でもって世界各地に分布している。南極半島の氷に覆われていない陸地をはじめ、茫漠としたツンドラ地帯や北方林の地表を覆い、灼熱の砂漠に広がり、都市部や田園地帯の石造物までをも覆っている。単純ながら画期的な生物間の共生関係によって、多様な陸上生物が繁栄できる環境が整えられてきたのだ。

　クックソニアの化石は、陸地に上がった最初の植物がいかにちっぽけで単純な構造だったかを教えてくれる。私たちが知っている植物に見られる特徴、たとえば葉や根や種子といったものはついていない。その一方で、上陸を果たした動物たちは、すでに新たな環境に適応する長い旅路にいて、手足や目、神経回路といった基本的な身体組織を備え始め、水生の祖先の姿から進化していたというのに。植物は始まりの姿こそシンプルだが、長い時間をかけて土壌や大気と相互に作用し合いながら、形態をさまざまに進化させた。とりわけ、地球の大気ほど植物の進化に影響を与えた存在はほかにない。土のなかに根ざしていても、植物は大気による産物なのである。

2 —— 菌糸の集合体で、いわゆるキノコとなる部分

地球の酸素量の増加を示す"炭と火"

炭化した木部細胞
charcoal xylem

　この化石にぽっかりと開いた穴は、初期の植物の通道組織で、植物内の維管束組織を形成する木部細胞だ。内側が肥大した木部細胞の細胞壁は、複数の形態パターンをもち、輪を積み重ねたような形や、ときにはらせん状に伸びる細胞壁もある。木部細胞は先端に向かって細くなり、外周には複数の穴が開いている。4億1500万年前のこの細胞壁を細部までつぶさに観察できるのは、細胞を採取した植物の茎が火事により炭化したためだ。植物本来がもつ組織は、炭化によって、複数の環状構造をもつ分子からなる炭素と水素の化合物になったのである。炭化水素は不活性で脆性をもつ一方で、腐食や圧縮に対する耐性が高いため、細胞壁の構造が微細まで保存される結果に至った。こうした化石は、植物細胞における進化の過程のヒントをもたらしてくれる。同時に、古代の陸地に自然火災が生じた地質学的証拠にもなる。

　火は、地球上の生命にとって重要な役割をもつと同時に、ほぼすべての生態系の植物相と動物相の進化に明らかな影響を与えてきた。暖かく湿った気候の地域が暑い乾期を迎えると、植物は特に燃えやすくなる。湿気を含む気候のもとで順調に育った植物は、乾燥すると発火しやすい格好の燃料になるからだ。大気中に集まる酸素の量を調整するという意味で、自然火災は地球規模で重要な意味をもっていた。自然条件のもとでは、火はときに落雷によって生じるが、燃え広がるためには酸素も欠かせない。今日の地球大気には約21％の酸素が含まれているが、これが17％に減ると火は燃え広がらず、15％まで減少するとそもそも発火しない。地中の堆積記録から一貫して産出する木炭は、過去4億2000万年前にわたって、大気中の酸素量がどんなに少なくとも15％を常に超えていた事実を示している。

　陸上植物の登場と、それより以前に水生の藻類が生成していた酸素量も加わったことにより、大気中の酸素量は現在のレベルにまで増加したといわれている。光合成で生成された酸素のほとんどが動物の呼吸で消費され、代わりに二酸化炭素が大気中に排出されたが、少量の有機炭素は酸化をまぬがれて地中に堆積された。そして長い地質学的時間のなかで、酸素は大気中にゆっくりと集められていったのである。このプロセスは複雑な均衡の上に成り立っていたが、より多くの陸上植物によって地中に炭素がたくわえられるにつれ、大気中の酸素量も増えていった。ときには自然火災などが負のフィードバックとして生じ、植物の総量は減少したが、自然のさまざまな要素が絶妙なバランスで調整され合うことで、数億年以上にわたって地球の大気は十分な量の酸素で満たされてきたのである。

時代　前期デボン紀
　　　　（約4億1500万年前）
大きさ　直径20μm（細胞）
産出地　英国

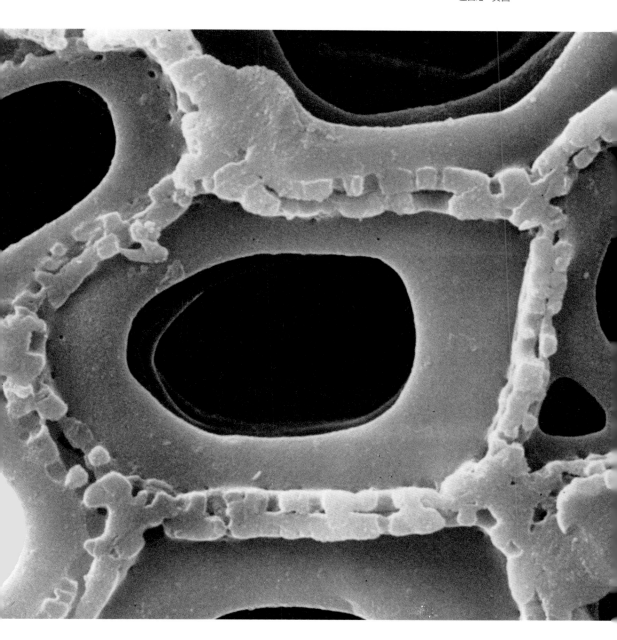

06 | 葉のない初期の植物の謎

サーソフィトン・エルベルフェルデンゼ
Thursophyton elberfeldense

　もつれあって1カ所に集まった茎からは、原始陸上植物のたくましい繁栄ぶりが想像できる。今から約4億年前、デボン紀層の下部から発見された岩石は、初期の植物の様相をよくとらえている。化石を含んだこの堆積岩があった場所は、かつて川か湖の底だったため、水辺に育っていた植物が保存されたのだろう。長さは20cm足らずと小ぶりで、茎には単純な分枝が確認できる。興味深いのは、ほとんどの茎の表面はつるりとなめらかなのに、細かい起毛をもつ茎が混ざっていることだ。葉はまったく見当たらない。この年代の化石を見る限り、当時の植物に葉や根はまだ登場していなかったようだ。では、どのようにして陸地で栄えたのだろう？　そのヒントは、鉱物が浸透した茎の内部をつぶさに観察すると見えてくる。顕微鏡サイズの細かさだが、こうした小型植物は、地面に固着するための器官を組織内の中心部に備えていた。化石化して茶色くなった茎は、かつては緑色で、光合成に一役買っていたのだろう。そして、微小な多細胞から房のように伸びた仮根によって地面に根付いていた。現生の苔類やセン類によく似た形態だ。なぜ一部の茎の表面にだけ起毛があったのかは、いまだにわかっていない。起毛が光合成を促す一助になっていたのかもしれない。あるいは、茎に穴を開けて糖分を吸おうとする小型の節足動物から身を守るためだったとする説もある。ともあれ、こうした頼りなげな初期段階を経て、葉や根は時間をかけて進化し、さらに多様な種に合わせた特徴を備えていった。植物の葉は地球大気の変化に応じて進化を始めたという説もある。植物が陸地に進出した頃、大気中の二酸化炭素濃度は飛び抜けて高く、葉の進化を妨げる要因となっていた[1]。だが、やがて二酸化炭素量が徐々に減ると、植物は広い葉を維持できるようになった。葉の進化を阻む環境的要因がなくなったことで、より効率的な光合成が可能になり、葉にもさまざまな形態が現れた。

　一方で、植物はこの時代を特徴づける二酸化炭素量の低下をもたらした立役者でもあった。地表に上陸した植物は、岩石の風化を進めると同時に、光合成を通じて地中の有機炭素量も増加させた。最終的には、植物が吸収した二酸化炭素は固定され[2]、岩石や地中の堆積物に閉じ込められたのだ。こうして植物は何億年にもわたって地球大気の化学反応に影響を与えながら、自らの進化の方向性も定めてきたといえる。

[1]── 二酸化炭素の高濃度状態が一定以上続くと植物の気孔が閉じ、光合成能力が低下するといわれている
[2]── 植物、おもに樹木が吸収した二酸化炭素は炭素として固定される

時代　　中期デボン紀
　　　　（約 3 億 9300 万〜 3 億 8200 万年前）
大きさ　幅24cm（岩石）
産出地　ドイツ

風に運ばれることを選んだ植物たち

炭中の胞子
spores in coal

　つやのある茶色でうろこ状に見えるのは、化石化した胞子が集まったものである。おびただしい数のセン類やシダの仲間がつくる小さな胞子嚢から飛散したものだ。あまりにも大量の胞子が化石化した結果、ロシアのモスクワ付近の地中に埋まるこの炭層全体が胞子によって形成された。化石化する以前の胞子は球体状だったが、上層に積もった堆積物の重みで皿のように平たく潰れている。1粒は直径0.5mmにも満たない微小さで、厚みはその20分の1以下。ここで採れる石炭1m³当たりには、なんと1,600億個もの胞子が含まれている計算だ。

　この標本の炭は褐炭[1]のため、そこに含まれる植物化石は、当時の林床の状態をよく保っていると考えてよい。壮大なる地質年代の炭にしては珍しく、地圧や地熱の影響をあまり受けていないからだ。この炭は、大陸の位置が現代とは大きく異なっていた石炭紀に、熱帯の赤道領域で形成された。胞子は大昔に絶滅したシダ植物の一種、現生のヒカゲノカズラやミズニラの近縁種が飛散させたものだ。今日では、小型の草本植物として森林の地表に自生するか、着生植物として樹木の林冠に暮らすか、あるいは湖沼で水生植物となる種類だ。この現生種の祖先たちは、高木だった。柱のごとく伸びる特徴的な樹幹と、先端で分枝した枝をもち、空高く枝葉を広げて古代の泥炭湿地林を形成していた木々だ（p.39、63参照）。高木の多くは、生涯のうち一度だけ繁殖した。10〜15年間かけて一気に成長すると、一度限りの胞子嚢穂をつけ、短命ながらも力強く飛んでいく胞子を拡散させたのち、枯れていった。こうした繁殖の過程を、この標本と同年代の炭層から見つかった大量の胞子が物語っている。

　胞子は、コケ植物やヒカゲノカズラ科の植物、シダ植物などの種子をもたない植物によってつくられ、たいていは空気にのって運ばれる。飛散するためには、軽量で、衝撃に強くなくてはいけない。そのため、その多くは肉眼では確認できない微細なサイズだが、胞子が大量に集まって飛散すると薄黄色の雲かほこりの塊のように見える。胞子を覆う頑丈な胞子壁は、「スポロポレニン」と呼ばれる物質からできている。生物が合成する生体高分子のなかでも極めて強固で、化学反応を起こしにくい不活性の物質だ。胞子内のデリケートな細胞は、スポロポレニンでつくられた胞子壁によって、乾燥や物理的な衝撃から守られている。胞子はしかるべき場所に落ちると、発芽して根を張り、生活環のなかで雌雄の配偶子をもつ時期を迎える。雄の配偶子である精子は、水面を泳いで雌の卵細胞にたどり着

| 1 ── 炭化程度が低く、不純物や水分を多く含む石炭

時代 石炭紀ミシシッピアン亜紀（約 3 億 6000 万〜 3 億 2000 万年前）
大きさ 直径 0.5mm（胞子）
産出地 ロシア

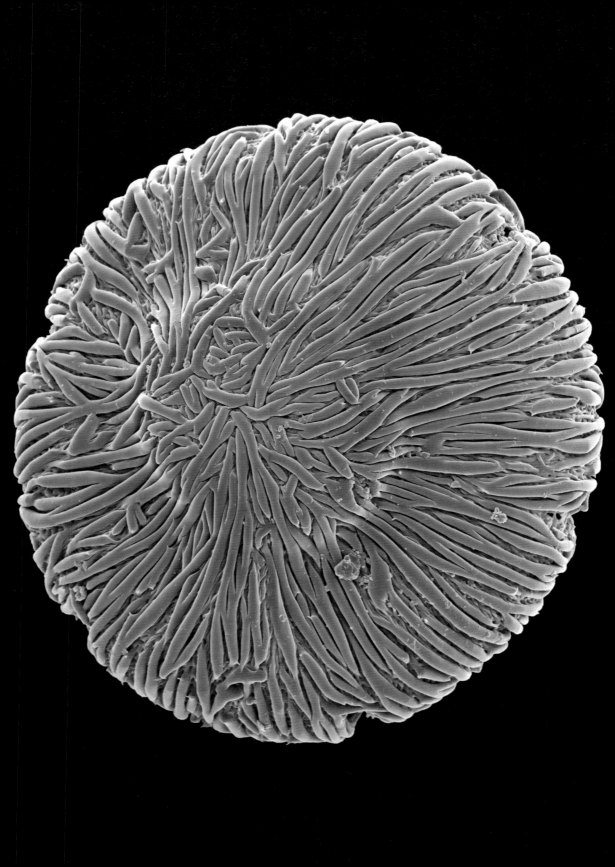

き、受精が行われると胞子をつくる新たな個体が育つ、という流れだ。胞子は、植物が効率よく拡散するための手段であると同時に、その生活環に不可欠な存在といえる。胞子のおかげで、原始の陸上植物は水辺に近い湿地帯からより乾燥した内陸部へ生活圏を広げ、ついには大陸を越えることも可能にしたのだ。

　一方で、種子を得ることで生活環を変化させた植物もいる。花を咲かせる被子植物のほか、針葉樹やその仲間がそうだ。彼らがもつ花粉は、受粉のために異なる植物間を移動する。花粉によって雄の配偶子が運ばれ、花や球果にある胚珠に行き着き、ひとたび受精すると受精卵は種子になる。花粉は風や水によって運ばれるか、あるいは媒介動物たちが運び役となる。甲虫類のほか、ハエなどの双翅目の昆虫、ハチ、蛾、鳥類などがこれにあたる。風に運ばれる花粉は通常、ごく小さく軽いが、つくられる量は多い。それに比べると、動物媒花の花粉は重たくてべたつきがあり、たんぱく質を豊富に含むのが特徴だ。花粉の多くは強固な外皮に包まれ、表面には小さなとげや気孔、こぶ状の突起、細かい凹凸などが精巧に刻まれている。変化に富んだ花粉の表面は、花粉の移動手段や受粉形態、発芽に至る特色をよく表している。また、種子は胞子と同じく、拡散して繁殖することが可能だ。強固な外皮を備え、親植物から遠く離れていく点も胞子と同様だが、発芽に適した環境条件が整うまでじっと休眠できるという特徴もある。

　古植物学者にしてみれば、花粉や胞子は、植物の歴史を解き明かすうえで多くの情報をもたらしてくれる有益な存在だ。細微な模様をもつ表面はどれも個性的なため、親植物の群や種をたどる手がかりとなる。左ページにある、電子顕微鏡で3,200倍以上に拡大したナス科植物ブロワリア・スペキオーサ *Browallia speciosa* の花粉には、特徴ある網目状の溝がくっきりと現れている。先に述べた、ロシアの炭層で見つかった胞子がヒカゲノカズラやミズニラの祖先のものだとわかったのも、こうした詳細な研究のたまものだ。強固な胞子壁をもつ胞子は、植物の子孫拡散に大いに威力を発揮したのち、長い年月を経て、過去にその植物が実在した証拠となる。なにしろ植物が陸地に栄え始めて以来、胞子は地中に埋没し、保存され続けているのだから。想像を絶する規模で放出され、長距離移動もできた胞子や花粉は、生みの親である植物本体よりもはるかに広範囲にわたって、かつ大量に発見されてきた。それは植物の進化に関する最初期の痕跡を、化石という形で示してくれる。さらに地層間での胞子や花粉の埋没量の推移を調べれば、太古の植生が時代を経てどのように移り変わったかを知る最適な指標となるのだ。

08 種子の進化──「花」への前触れ

ゼノシーカ・デボニカ
Xenotheca devonica

　イングランド南西部デボン州、ケルト海に面し、強風にさらされる岬。その細い沿道に位置する採石場で、豊富に産出する古代低木の化石群がある。砂岩の薄い層からその化石を採取するのは至難の業であり、多くは採掘の過程で破損し、一片が数cmの破片になってしまう。だが、ある程度の原形をとどめてくれると、この標本のように、細くしなやかな茎と葉を備えた低木状の植物が姿を現す。秋の枯れ葉のようなくすんだ色合いは本来の色ではなく、この植物が埋まった地中の堆積物に含まれる鉄が酸化したものだ。空へ向かって伸びるかぎ爪状の枝先、これこそが植物の繁殖に決定的な変化が生じたことを示すもので、その後に続く植物のさらなる目覚ましい変化の先駆けにもなった。デボン紀のこの種の化石が初めて古生物学者の間で注目を集めたのは1915年で、植物が種子によって繁殖した最初期の痕跡ではないかとされていた。その説は1980年代になって証明されることになる。枝からつながるかぎ爪状の先端は「椀状体」と呼ばれ、米粒よりもわずかに小さい４つの種子を内包する容器の役割を果たしている。こうした初期段階の種子により、植物はより効率的な生殖を実現する道を切り開き、備える器官を驚くほど多様に変化させた。それはやがて、現代の私たちが「花」として親しむものに進化した。

　種子は──受精前であれば厳密には「胚珠」と呼ばれるが──親植物の内部にとどまって育つ、いわば大型の胞子だ。現生の植物の場合、胚珠は母体組織が形成する１枚ないし複数の保護層に包まれているが、この特徴は初期段階の植物化石のごく一部にも見られる。胚珠が拡散されるのに先立って受粉が起こり、花粉の粒子が胚珠の表面に付着すると受精が行われ、胚珠は種子に変化する。この方法により、種子植物はコケ植物やシダ植物といった種子をもたない植物とは異なり、受精の際に水面で精子を泳がせる必要がなくなった。種子という進化によって、植物は次世代がしっかりと陸地に根付く足がかりを来たるべき子孫に残しているのだ。その目的を果たすため、種子はときに、デンプンをたくわえて食欲をそそる食料となる。種子の発達にともなって、植物は受粉と拡散を首尾よく進める構造を進化させていった。

　初期の植物化石が備えていた椀状体の役割は、今なお多くの謎に包まれたままだ。興味深い一説としては、開いた先端に風が吹き渡ると、そこで風が渦巻き状になって花粉が１カ所に集まり、内側にある受精前の胚珠にじょうごのように集中的に花粉を注ぐことができた、というものがある。時代がさらに進むと、種子は花粉の運び屋となる虫を引きつけて見返りを与える機能を備えるようになった。鮮やかに目を引く花びらや、甘い汁を含む蜜腺などだ。種子を包む組織もまた、みずみずしい果肉をたくわえて、種子拡散の媒介と

なる動物たちを引き寄せ、見返り用の食料と
なった。あの手この手の工夫により、植物
は繁栄という目的を遂げるために、さま
ざまな動物の手を借りることを可能
にしてきたのだ。

時代 後期デボン紀
（約3億8000万年前）
大きさ 全長2.5cm
産出地 英国

09 水の移送と温泉のタイムカプセル

リニア・ギンボニイ
Rhynia gwynne-vaughanii

　丸や多面体の形をしたさまざまな大きさの細胞が、植物の円柱形の茎にぎっしりと詰まっている。茎の内部組織の秘めたる姿だ。この植物が自重を支えながら陸地に育ち、限られた水しかない環境でも繁栄していたことがわかる。茎の直径は 2 mm にも満たないが、細い内部はご覧のとおり、多様な形状や機能を備えた細胞が集まっている。これは現代の私たちが構造を完全に把握できた最古の植物で、植物が一定の水利用をどのように実現し、陸地での生活を始めたかを知るヒントを与えてくれる。

　中心部の細胞群が形成するのは維管束（木部と師部）で、植物に必要な水や栄養分を茎のなかで縦方向に運ぶことに特化した器官だ。断面図で見ると細い通路に思えるが、横から見ると非常に長い形状をしている。茎の外側を覆うのは、それよりも短い細胞の集まりでできた表皮で、茎の内部組織を外気から守る薄いバリア壁となる。表皮は光合成に関わっていたと思われるが、茎を強固にして上方向に伸長させるという重要な役割も担っていた。植物に欠かせない水は、地中から未発達の根を通して吸い上げられ、茎の木部にある細い管状の細胞群を通って運ばれる。この断面図からは確認できないが、表皮には「気孔」と呼ばれる無数の小さな穴が開いていて、光合成の状況に合わせて開閉することで大気中の二酸化炭素と植物内の水の交換を行っている。

　4億700万年前の植物細胞や組織が、これだけみごとな保存状態で残されているのには特有の事情があった。この植物が自生していた場所は地熱地帯の湿地で、周辺では鉱物由来のミネラルを豊富に含んだ温泉が定期的に湧き出て地表を満たしていた。ひとたび温泉が湧けば植物も浸かり、やがて湯の熱が冷めると、湯に溶け込んでいたミネラルが植物細胞や周囲の堆積物にしみ込んで硬化した。かくして、生物が陸地に上がった当時の植物や生態系の細部までがそのまま保存されたタイムカプセルが、スコットランドの地層に形成された。この素晴らしい植物化石は、初期植物の水移送システムが現生種のものと類似していることを物語っている。通道組織に見られる毛細管現象や、おもに気孔を通じて茎の表皮で行われる水の蒸散のしくみも一緒だ。また、確証はないものの、おそらく光合成によって生成された糖も、維管束の管状の細胞群を通って植物内を巡っていたと思われる。水と溶質の移動という、ほとんどの生物に欠かせない基本機能は、陸上植物が最初に成し遂げた革新的なしくみだった。

時代　前期デボン紀
　　　　（約４億700万年前）
大きさ　直径２mm（茎）
産出地　英国

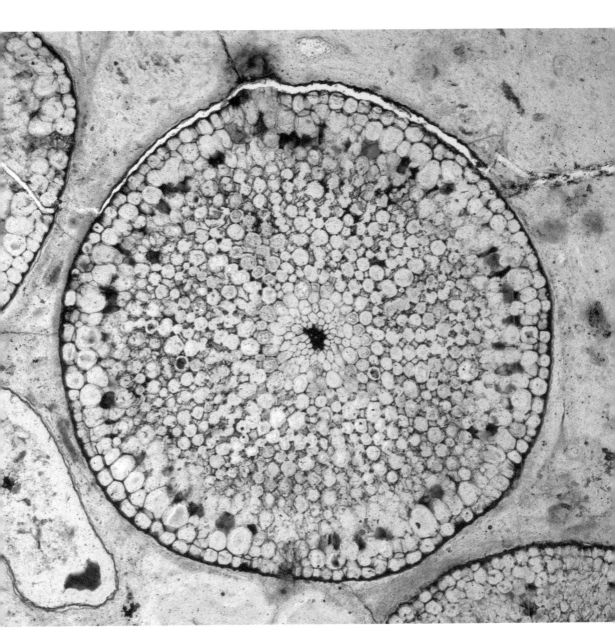

根の進化が育んだ大地と大気

スティグマリア・フィコイデス
Stigmaria ficoides

　地下90mの炭層から掘り起こされたこの岩石からは、過去に絶滅した樹木の力強く広がった根の一部が確認できる[1]。根の中心部に広がる斑点状の模様は、この黒い点の一つひとつから細長い側根が出ていた跡だ。斑点は根の右寄りにくっきりと残っているが、実際には全体を囲むように側根が生え、根全体を毛のようにびっしりと覆っていたのだろう。直立した樹幹から伸びた根は、地中浅く数mにわたって横方向に広がっていた。石炭紀の炭層で多く産出する一般的な化石だ。

　植物の進化において、根は「知られざる半分」と呼ばれてきた。地中に潜り、地上からはほぼ見えない部分だが、植物の生活にとって欠かせない存在だ。初期植物の根のつくりは、現生のコケ植物を構成する苔類やセン類によく似ている。「仮根」と呼ばれる糸状の器官によって、茎を地面に固着しているのが特徴だ。植物体が大きくなれば、より頑丈な根が必要になる。そこで画期的だったのが、根が横方向と下方向に分岐しながら伸びるように進化したことだ。地中の堆積物を巻き込みながら、より深い土層まで進み、地中の割れ目や岩石の亀裂にも入り込めるようになった。根の進化によって、植物は安定して地表に固着できるようになり、土壌から水や栄養分を吸い上げ、地上の幹や葉に届けるしくみを確立した。植物が育つほどに、地上と地下に分かれた互いの器官は、相互のつり合いを保つようになった。つまり、幹や樹冠が大きく育てば育つほど、根の構造も太く肥大化していったのだ。太く頑丈な根は、3億1000万年以上前の古代森林、のちに石炭を形成した湿地林にひしめく樹木の進化に不可欠な存在だったといえる。

　そして根の進化は、周囲の環境にも影響を及ぼし、土壌とその下層にある岩石に、物理的かつ化学的に重大な変化をもたらした。当時の地表にある岩石に多く含まれていたケイ酸カルシウムやケイ酸マグネシウムは、根によって自然風化が促進された。そして空気中の二酸化炭素が溶け、希薄化した炭酸となって雨水に含まれると、雨水にさらされた風化した岩石から炭酸塩が溶かし出され、やがて川や海洋に流れ込んだ。これが全地球規模で、数百万年以上にわたって生じた結果、根がもたらした風化作用は、大気中に溜まっていた二酸化炭素ガスを徐々に減らすことにつながった。それにより、二酸化炭素による温室効果が減少し、地球の気温は冷えていった。植物の根は、岩石や生物圏における炭素やリンの循環に大きな生物学的影響を与えた要因でもあったのだ。そして長い時間をかけて、地球環境を生物が暮らせる状態へと導いていった。

---

[1] ── 原文の趣旨に従って「根」と表現したが、この化石はヒカゲノカズラ類の一部がもつ担根体という器官だと考えられている

時代　石炭紀ペンシルバニアン亜紀
　　　（約3億2000万〜3億年前）
大きさ　幅25cm
産出地　英国

11 | 世界最古の化石林に眠る最初期の樹木

エオスペルマトプテリス

Eospermatopteris

　これは、世界最古の化石林に眠っていた木の幹だ。根元は丸くふくらみ、表面には細長い溝が刻まれている。1869年、ニューヨーク州のキャッツキル山地で複数の古代木が発見され、1920年代の追加掘削でさらに多くの植物化石が産出した。いずれも当時のニューヨーク市で増加していた水需要に対応するために建設中だった、ショーハリー貯水池の工事中に偶然発見された副産物だ。その一帯の採石場で行われていたギルボア・ダム建設のための大規模な採石作業中に、化石群を含む地層が表出したのだ。エオスペルマトプテリス *Eospermatopteris* と名づけられた樹木の幹は、大きさも形状もさまざまだった。なかには丸みを帯びた根元をもちながら直立し、地上から約1mの高さで切り株状になった幹もあった。地面に転がった状態の幹はそれよりも長かったが、どういうわけか外周が削られて平らになっていた。幹だけが保存され、ほとんどの内部組織は堆積物に置き換えられていたため、生態は長年謎のままで、さまざまな復元予想図を生んだ。そして、近年に相次いだ新たな発見により、この3億8000万年前の古代樹木がたどった成長過程や周辺の植物相や動物相、つまり世界最古の森林の姿が明らかになってきた。最初の突破口となったのは2007年、第一の発見があったショーハリー郡の別の場所から見つかった植物化石で、地面に横たわった樹幹の先端に葉のような茂みが確認できた。樹上のようすがわかる、それまでにない確かな手がかりだった。葉は遠目では一見シダのようだが、近づいて観察すると、現生のシダ特有の平たく横に広がった葉ではなく、細かく裂けた形状であることがわかった。樹幹に残された多数の割れ目から推測すると、葉態枝 [1] は短命で、定期的に落葉していたようだ。シダと同じく微小な胞子によって繁殖したが、現生のシダとは異なり、葉態枝の先端に楕円形の小さな胞子嚢をつけていた。樹幹は根元から無数に広がる細い根によって地面に固着していたのだろう。高さは8mにも達し、柱状にまっすぐ伸びた幹と、先端は葉に似た茂みで覆われた姿だったとしたら、現生のシダやソテツ、ヤシに近い。

　その生態をさらに詳しく知る手がかりは、2017年に発見された。場所は変わって、中国の新疆ウイグル自治区から採掘された樹幹だ。ニューヨーク州のものと異なり、地中の二酸化ケイ素による珪化作用で内部組織が保たれていた。この化石によって、樹幹の構造が初めて明らかになった。それは広葉樹や針葉樹のような、高密度で均質な木質組織ではなかった。いわゆる木の部分にあたる材は見当たらず、細い維管束が木の円周を網目のように覆って樹木の重さを支えているに過ぎなかった。

|1|── 古代植物にあった葉と枝の中間的な形態の葉

時代　　中期デボン紀
　　　　（約 3 億 8000 万年前）
大きさ　幅 1 m（基部）
産出地　米国

　樹幹の大部分は柔らかい非木質組織によって構成され、幹の肥大成長は非木質部の細胞
分裂によって行われていた。根もまた、樹幹と一体化し、樹幹の外縁から外に向かって伸
び始め、それから下方向に伸び、根元を外側から覆って幹の一番太い部分になった。密生
して幹を包み、地中の浅い部分だけに伸びた根の集まりが、樹幹をしっかりと地面に根付
かせていた。化石化した樹幹の表面についていた大小さまざまな溝は、網目状に張り巡ら
された細い維管束と、幹を覆って伸びた根の跡だったのだ。

　エオスペルマトプテリスは、このようにユニークな方法で成長したが、ヤシのような現
生種とよく似た機能も持ち合わせていた。内部構造を見ると、この樹木は高度な適応力を
備えていたことがよくわかる。強風が吹けば、羽のような葉態枝からなる樹冠は閉じた傘
のようになって風の抵抗を減らし、足元では根の束が樹幹をしっかりと地面につなぎ止め
ていたはずだ。つまりヤシの木と同じように、折れずに形を曲げてしなることで、強風や
嵐に耐えていたのだ。地質年代を経ていく過程で、植物は樹木に進化するために多くの方
法を見出し、さまざまな生物学的特性を獲得してきた。同時に、おおよそ似たような進化
の過程が、時代を違えて繰り返されてきたことも事実だ。

　ギルボアの化石林では、一番の高さを誇ったエオスペルマトプテリスを筆頭に、多様な
低木も誕生した。2010年、ギルボア・ダム修復のために、かつて埋め戻された初期の採石
場の一部を撤去する際、1,200m²にわたる化石林の林床が発見された。ここで記録された
200本の樹木の種類と位置から、古代林の全体像が鮮明に浮かび上がってきた。地表近く
には草本植物がひしめいており、その多くはヒカゲノカズラの遠い祖先にあたる。高木の
幹には、細く曲がりくねった木本性のつる植物が巻きついていた。その近くの地面の葉や
枝の下には、小さな節足動物の姿がわずかに見える。これは外骨格の一部が化石化してい
たことからも明らかで、その表皮はキチン質 [2] という非常に頑丈な成分でつくられてい
た。化石林の動物相で勢力を誇っていたのはこの節足動物で、ムカデ類やヤスデ類、カニ
ムシ類のほか、シミムシ類やダニ類などの小型昆虫やクモの祖先などが生息していた。彼
らはおもに林床の堆積物や地面の下に暮らし、捕食性のものもいれば、植物の分泌物（デト
リタス）を分解して食するものもいた。動物が出現していたにもかかわらず、この初期の森
林に暮らす植物が植食性動物に脅かされていた痕跡はほとんど見当たらない。植食性動物
は、もう少し後の地質年代において重要な役割をもつことになる。

[2] —— 昆虫や甲殻類などの硬い殻をつくる成分

12 | 古代の森と古生物たちの楽園

レピドデンドロン
Lepidodendron

　折れて化石化した樹木の表面は、ゆるやかなカーブを描くうろこ模様にびっしりと覆われている。思わず目を引くこの巨木の樹幹は、おもに19世紀の炭鉱地域で採掘され、「巨大蛇の化石」と銘打たれて陳列されたこともあった。それは見当はずれだったものの、化石になる以前のこの古代樹木の生態は、神話に登場する蛇や龍に負けず劣らず興味深く、特異だ。ギリシャ語で「うろこのある木」を意味するレピドデンドロン *Lepidodendron* と名づけられたこの樹木は高さ45mにも達し、先端に単純な構造の枝を広げていた。うろこ模様は、かつてそこに葉がついていた跡で、細長い草のような葉が幹や枝にたっぷり茂っていた。赤道地域の広域にわたって、水に近く湿った沼地に育ったレピドデンドロンは、やがて膨大な炭層を生んだ。そこから採掘された石炭は、産業革命を推し進める燃料と化し、現在に至るまで人類の重要なエネルギー源になっている。

　およそ3億2500万年前から2億8000万年前、石炭紀の後期からペルム紀初期にかけて、地球の陸地はほぼ単一の巨大な陸塊で、現在のヨーロッパや北アメリカ、アジアは陸塊の赤道付近に位置していた。低地の沿岸部は熱帯気候で、広大な森林があった。潤沢な石炭資源を生んだ森林の地層からは数千種もの化石が産出したため、この森林は古代の生態系のなかでも最もよく解明されたものとして知られている。群を抜いて巨大だった植物がリンボク（鱗木）の名でも知られるレピドデンドロンで、水をたたえた沼地に自生していた。柱のようにまっすぐ伸びた樹幹の先には細長い葉が生い茂り、熱帯の日差しのもとでささやかな日陰をつくっていたことだろう。レピドデンドロンの下にある低木層では、シダに似た葉をもつ背の低い木々がうっそうと茂っていた。正真正銘のシダ植物もあれば、すでに絶滅したシダ種子類に属するものもあった。シダ種子類は文字どおり、種子によって繁殖した。針葉樹やソテツ、被子植物の絶滅した近縁グループと考えられている植物だ（p.79参照）。一方で、通常のシダ類やレピドデンドロンは、現生の後継種と同じ胞子植物だ。今日の多湿な熱帯林と同じく、背の低い木々の表面は着生植物やつる植物が飾りのように覆っていた。こうした植物は、突起やつるを駆使して低木の繊維質でできた幹に取りつくか、巻きついて這い上がっていた。乾燥が進んだ地帯で優勢だった植物はトクサ類だ。節目のある茎と、節を覆うように輪生状に伸びる枝が特徴的で、地下茎を広範囲に伸ばして群生する。さらにその下、日が当たらない森林の地表には、草本のシダ植物やヒカゲノカズラがびっしりと広がっていた。私たちが石炭として燃やしている、古生代に形成された炭層の多くは、このような森林に蓄積された炭素から生まれたものだ[1]。それは元をたどれば、

---

[1] ── ただし、日本国内でかつて生産された石炭は新生代や中生代のもの

時代　石炭紀ペンシルバニアン亜紀
　　　（約3億2000万〜3億年前）
大きさ　幅6.5cm（基部）
産出地　英国

光合成によって植物の有機高分子に吸収された二酸化炭素ガスだ。太古の森林の湿地帯では、枯死した植物や地面に落ちた枝葉は泥炭を形成した。やがて地下に埋もれた泥炭は、地殻内のほかの堆積物や沈殿物の下で圧力や熱を受け、その性質や化学組成を変化させた。圧縮により水分や揮発性の成分は蒸発し、炭素の比率が高まって、泥炭の沈殿量に応じて未来のエネルギー源が積もっていったわけだ。そうして形成された炭層は高効率な燃料源として数世紀にわたって利用され、北アメリカやヨーロッパで今なお採掘され続けている。

　泥炭湿地林は、多様な動物たちのすみかでもあった。たとえば両生類や爬虫類の初期種は、サンショウウオのような外見だったと思われる。細長い体に丸みを帯びた口元、鋭い歯、そして直角に曲がって突き出た太く短い手足と尾をもっていた。浅い沼地や落ち葉が積もった場所を好み、隙あらば節足動物や魚を捕まえて食べていた。落ち葉の下には、さまざまな種類の陸生節足動物も多数生息していた。ヤスデ類やムカデ類、シミムシ類などだ。クモの原始種も存在したが、絹のような糸を吐く出糸突起をまだもっていない種もいて、獲物はクモの巣ではなく、待ち伏せするか追いかけるかして仕留めていた。サソリは、現生種と同様にすでに尾に針を備えていた。最初に空を飛ぶことを覚えた動物は昆虫で、鳥やコウモリと競うことなく滑空していた。早々と空を飛んでいたのは、現代も見られるゴキブリ類やカゲロウ類、トンボ類の近縁種だ。一方で、今では完全に絶滅したムカシアミバネムシ *Palaeodictyoptera* のような大型昆虫もいた。化石からの推測によると、2対の大きな翅のほか、前胸部分にも翅に似た器官を備えていたようだ。植食性で、花粉や胞子、種子、樹液などを栄養分にしていたと思われる。また、現生種の最大サイズをはるかに凌ぐ大型の節足動物も存在した。メガネウラ *Meganeura monyi* はトンボの祖先にあたる絶滅種だが、小型のカモメが翼を広げたほどの大きさだった。現生するトンボの最大種と比べても、その体長は5倍以上、横幅は2倍もあった。ヤスデの一種であるアースロプレウラ *Arthropleura* も体長2mを超え、現生の最大種と比べても6倍近く大きかった。泥炭湿地林の生物がこのように巨大化したのは、大気中の酸素濃度がそれまでになく上昇したためと考えられている。当時の酸素濃度は、現代の21％をはるかに上回る30％に達していたという説がある。地中に取り込まれる有機炭素が大幅に増えていたことを踏まえればあり得る話で、それは森林での光合成が活発化した証拠でもある。結果として生じた広大な炭層は、世界規模で多くの影響を及ぼしていった。

13

茎から樹木へ
——高く伸びる植物たちの生存戦略

プサロニウス・ブラジリエンシス
Psaronius brasiliensis

　この化石標本を彩るのは、つややかな瑪瑙（めのう）の輝き、そして独特の模様と色合いだ。円形に近い断面は、直径約20cm。くすんだ黄土色の中心部には大小さまざまな帯状の跡があり、その先端は渦巻きのような線を描いている。その周囲では色相が微妙に異なる無数の小さな楕円形が、外周に向かって放射状に広がっている。くっきりと鮮やかで心惹かれる幾何学模様は、古代に絶滅した木生シダの幹にあたる部分の成長過程を示している。中心部は厳密にいうと茎であり、渦巻き状の先端をもつ帯状の部分は形成途中の維管束で、形成段階の差がそれぞれの大きさの違いに表れている。この維管束が、茎の先端に茂る葉に栄養を届ける役割を果たす。周辺を囲む小さな楕円形は、根が生えていた部分だ。厚い表皮に覆われた根は茎の先端から下方向に伸び、茎全体を覆いながら植物体を支えていた。瑪瑙化した楕円形の色相が異なるのは、生物学的な原因によるものではない。植物の組織内に沈着した鉱物（おもに酸化鉄）によるものだ。

　このペルム紀の植物化石には、植物が高く伸長するために備えた多彩な機能の一端が見られる。植物にとって、丈の高さは有利に働く。上方向に伸びて葉が高い位置に広がれば、周囲の植物に負けじと日光を浴びることができ、日陰を避けられる。大型の植物は、より多くの子孫をつくることができるようになり、その拡散も効果的に行える。また、大型化にともなって寿命が伸びる傾向にあるので、個体の繁殖期間も長くなる。その一方で、大きな植物体には代償もある。まず、全体を支える強固な外層が不可欠なため、個体が成木となるまでに時間を要する。いずれも小さな芽から成長を始めるので、すぐに大型化の恩恵に浴するわけではないのだ。大型化の鍵を握るのは樹幹だ。枝葉の重量を支える強靭さを備えつつ、突風に耐えるしなやかさも必要となる。とはいえ、エネルギーと栄養の有効利用を考慮すると、樹幹はできる限り簡素な素材で形成され、かつ少量の養分補給で維持できるのが理想的だ。すなわち、外部からの刺激や支えを受けずに自己組織化し、個体の成長期間を通じて永続的に機能することが必須となる。植物はこうした課題に対して多様な打開策を編み出し、そしてそれぞれに一長一短が生じた。

　現生の樹木の幹は、針葉樹や広葉樹に見られるような、いわゆる「木の柱」だ。内側は層を重ねて形成された材で、外側は樹皮で覆われ、少しずつ肥大成長する。この秩序正しい成長手段によって、樹幹は生涯にわたる肥大と伸長を可能にし、よじれやたわみにも極めて強くなった。樹高は高くなり、枝分かれし、広い樹冠がつくられるようになった。この方法で最も大きく育つ現生種の樹木は、北アメリカ西海岸の沿岸に分布するセコイア *Sequoia sempervirens* で、樹高100mを超えることもある大高木だ。一方で、まったく異なるエレガ

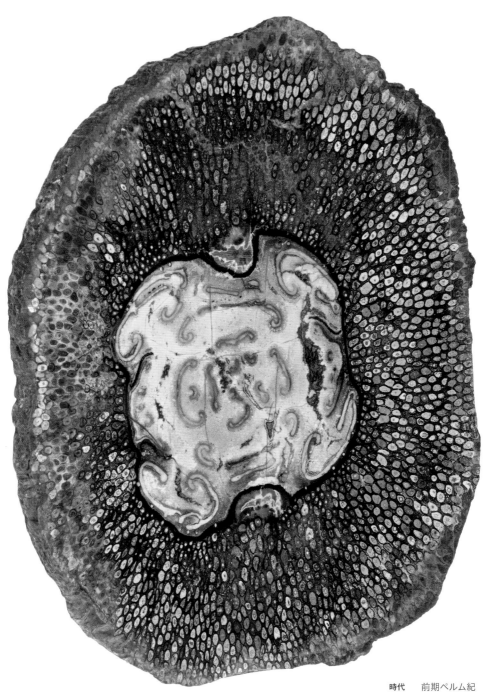

時代　前期ペルム紀
　　　　（約3億〜2億7000万年前）
大きさ　直径18cm
産出地　ブラジル

ントな方法で「幹」をつくるのが、左ページの写真にあるプサロニウス *Psaronius* や現生の木生シダだ。こうした植物は、厳密には樹木ではない。中心部となる茎と葉を支える葉柄を、繊維質でできた根の表皮で覆うことで強靭性を身につけている。茎の先端から下方向に根が生えると、根の表皮は茎の足元で最も厚みをもつ部分になり、樹幹でいう板根(ばんこん)の代わりになる。木生シダの茎は強固かつ軽量な繊維質で、茎頂に茂る葉に届けるための雨水を吸収し、内部にたくわえることに長けている。根が折り重なるように茎を取り囲んで強度を保つため、曲がって育つのは難しく、長い茎を垂直に伸ばしていくしかない。結果として、ほとんどの木生シダは分枝せず、丈もせいぜい20m程度だ。森林の下層に適応した低木類に混じって、風にさらされることなく自生する。

　植物は高く育つためにあらゆる手段を講じてきたわけだが、ずば抜けて奇妙で驚くべき生態をもつのが、イチジク属の通称「締め殺しの木」だ。その種子は、まず鳥やコウモリによって森林の上部に運ばれ、高木の枝で発芽する。高い位置で育つ若芽は日光を受け、その間に下へ伸びる根は、宿主(しゅくしゅ)である樹木を覆いながら地表を目指していく。この時期の締め殺しの木が栄養源とするのは、宿主の樹皮の裂け目に含まれる土や、有機物から取り込んだ少量の水やミネラルだ。ひとたび地表に根付くと、締め殺しの木は成長を早めて本領を発揮し始める。宿主の樹幹に根を網目状に絡ませると、死に至る抱擁で包み込む。樹幹を締めつけて、じわじわと窒息状態に導くのだ。宿主の木を枯死に至らせない締め殺しの木もいるが、枯死させるものも一部とはいえ存在する。根は成長を続け、やがて木生シダのプサロニウスと同様に、締め殺しの木が自立できるような板根を形成する。宿主の木が枯れ果てると、独立した樹木となって自らの枝葉を頭上に広げる、という寸法だ。根の集合体によって形成された締め殺しの木の幹が、あまりにも複雑に入り組みながら宿主の樹幹を包むため、その不吉な過去は一見してわからないこともしばしばだ。

　このような樹木に似た成長形態は、かつて何度にもわたって進化を繰り返してきたが、それは草本植物がもつ習性とは対照的だ。ある植物が特定の状況下で適応させた方法が、ほかの植物にも最適とは限らない。植物は、その習性を時代によって幾通りにも柔軟に変えてきた。それは環境や生態系の目まぐるしい変化に対応した結果でもある。

14 丸太の化石が伝える針葉樹の時代

アガトキシロン
Agathoxylon

　これは米国アリゾナ州のペインテッド砂漠で産出した植物化石だ。色鮮やかな地層の景観で知られるペインテッド砂漠には、濃淡さまざまな赤色の岩盤が広がり、丘陵には広大な地層が織りなす横縞模様と、わずかながら植生が見られる。その南東部、砂漠の4分の1を占めるエリアには、三畳紀の地層から産出した珪化木の巨大な幹が点在している。強度に優れた珪化木は、地中で砂や泥がその上に積み重なり、それらが雨風によって風化したのちに地表で野ざらしになっても、変わらずもちこたえていた。が、最終的には斜面の上から転がり落ちて破砕し、細かい断片となって少しずつ無数の小石のなかに混ざっていった。丸太状の珪化木は地面に打ちつけられて損傷しながらも樹幹の原形をとどめているが、樹皮や枝、根は失われている。丸太は化石化する前にまず川に流され、その過程で外層が削られて損なわれていった。水を吸った巨大な樹幹は、やがて地中に沈み、堆積物にゆっくりと埋もれていく。そして周囲の堆積物が圧縮される前に、ケイ酸塩を含む地下水が樹幹の内部に浸透して結晶化した。多くの場合、樹幹の内部組織は完全にこの鉱物、すなわちケイ酸塩と置き換わってしまう。この樹幹だと、中心部が珪化木によく見られる淡い色の結晶部分だ。その周りに広がる色は、少量の鉄をはじめ、コバルトやクロミウム、マンガンといった微量元素が混ざったもので、ペインテッド砂漠の砂を思わせる鮮やかな色相をつくっている。

　アリゾナの砂漠に保存されている珪化木の幹はどれも立派な太さで、全長は平均24〜30m、一部は40mを超える。化石化する前の樹高は最高で59mに達し、幹の根元の直径は3mほどだったようだ。この巨木群は針葉樹だった。そう推測する手がかりになったのは樹木に残された細胞組織で、均一サイズの小型細胞によって構成されていた。ほとんどの珪化木は地表に横たわった状態で保存されていたが、ある樹幹は直立し、化石土壌に根を張った状態で発見された。水に浸かった湿地帯の土壌をものともしないほど、根が頑丈だった証拠だ。樹皮は、枯死した樹木が倒れて転がった際に削れやすかったため、観察できるのは極めてまれだ。珍しく無傷で見つかった樹皮は薄く、当時は主流だったと思われる、多湿で霜とは無縁の熱帯気候に適応していたようだ。樹木の生育習性は、ベイマツのような現生種を思わせる。この珪化木はアガトキシロン *Agathoxylon* に属するが、以前はアラウカリオキシロン *Araucarioxylon* の名でも知られていた。この名称からすると、アラウカリア（ナンヨウスギ科 Araucariaceae）と似ているように思える。チリマツやウォレミマツ、カウリマツといった現生種を含む、南半球に広く自生する針葉樹だ。しかし、これが誤解を生みやすい。アリゾナの珪化木と同様の特徴は、かなり広範囲の現生種や絶滅種の樹木

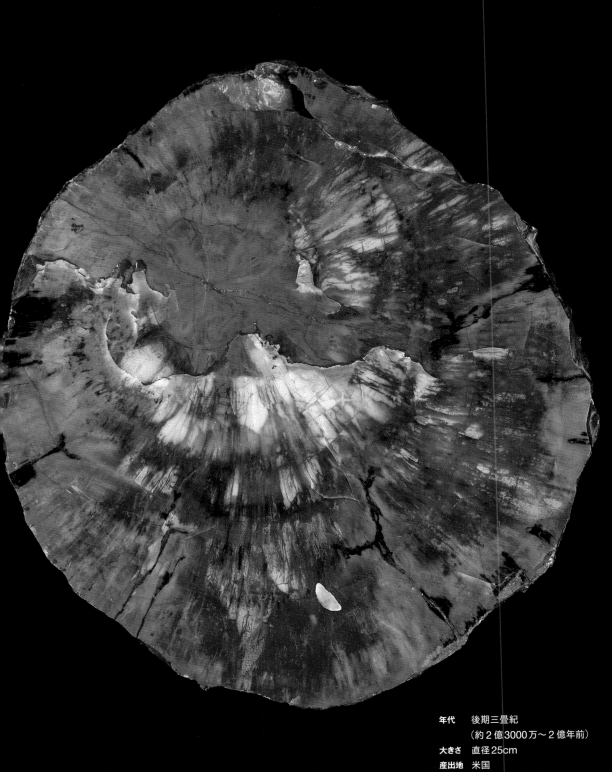

年代　　後期三畳紀
　　　　（約2億3000万〜2億年前）
大きさ　直径25cm
産出地　米国

にも当てはまるからだ。珪化木の特性をよりしぼり込み、一般的な針葉樹との関連性を調べるには、葉や球果や種子といったさらなる手がかりが必要となる。アリゾナの砂漠では、化石化した樹幹につながるようなこれらの部位は見つかっていないため、このみごとな植物化石群には謎が残されたままだ。

　2億5100万年前から6600万年前にかけての中生代は、まさに針葉樹の時代だった。地質記録に残された豊富な植物化石群が、その存在感を物語っている。針葉樹は当時最大の高木で、中生代の終わりに被子植物が登場するまでは多くの生態系で繁栄していた。今日の森林地帯では、広葉樹の種の合計が針葉樹を大きく上回り、種の多様さでは劣るとはいえ、針葉樹が世界各地の生態系において重要な存在であることに変わりはない。カラマツやトウヒ、モミ、マツは、北半球の亜寒帯に分布する北方林や、「タイガ」と呼ばれる針葉樹林帯を占めている。そこは世界最大の陸上生態系を有する地帯でもある。温暖な冬と豊富な雨量がある温帯にも針葉樹林は広く分布し、かつ巨木に育つ。また北アフリカやスペイン南部といった、乾期を含む地中海性気候にも自生し、さらに南北アメリカ大陸や東南アジア、中国の熱帯・亜熱帯気候の山地の一部でも勢力を保っている。

　針葉樹の祖先は中生代後半までさかのぼれるが、現代の生存種で確認できるのは、その多様な姿のほんの一部に過ぎない。アリゾナの巨大な珪化木が、過去に絶滅した針葉樹の一種だという可能性は十分にあり得る。現生種のDNA調査により、現在見られる針葉樹の多様性は、おもに中生代よりずっと後の新第三紀（2300万〜260万年前）に起源をもつことがわかっている。その傾向が最もよく表れているのが北半球で、長期にわたって生じていた気候の寒冷化によるものとされている。約4000万年前、温暖な熱帯や亜熱帯の気候は、今の温帯にあたる緯度にまで広がっていた。その後、北半球は寒冷化と乾燥化が進み、寒さに強い植物種が拡散するのに適した気候となった。さらに時代が進むと、度重なる氷期によって植物分布は縮小と拡散を繰り返し、種の個体群は分断されながら分化を進めていった。一方、南半球では異なる影響が生じていた。大陸塊の移動である。これにより比較的温暖で湿度のある地帯は、海洋性気候の影響も受けて、以前から自生していた針葉樹が存続できる環境を維持したのだ。現代につながる針葉樹の分布域とその多様性は、大陸や海洋がもたらした地球規模の気候変動による影響を大きく受けているのだ。

15 | 北極諸島の化石林──温暖期の名残

アクセルハイバーグ島の森林
Axel Heiberg Island forest

　草一本生えない荒野と対照をなすように残る古代木。これは記録に残されている限りでは世界最北端の、カナダ北極諸島の化石林だ。地球規模で起きた気候変動の変遷を今に伝える、かつての温暖期の名残であり、現在はもはや存在しない高緯度地域の森林について興味深い示唆を与えてくれる存在でもある。あまりにも僻地にあるため、この化石林は1985年になってようやく発見された。カナダ地質調査所のヘリコプターがアクセルハイバーグ島の上空を飛んでいた際、荒涼たる山の尾根では異質に映る丸太や切り株を操縦士が見つけたのが最初だった。近づいて調べると、それは化石化した樹木で、かつて根を張っていた位置に立ち、枯死したときの状態のまま残されているように見えた。北緯80°に近い北極圏内で、良好な保存状態を維持していたのだ。

　この化石林は約4500万年前、中期始新世のものと推定されている。褐炭、つまり炭化の初期段階の状態で保存されていたため、内部組織はほぼそのまま残されていた。化石の採取には、ハンマーの代わりにのこぎりが必要だった。樹幹が根を張っていた泥炭地からは、葉や球果の化石も産出した。木々とその関連化石は、樹木の種類を特定する手がかりになる。調査の結果、これらは現生種の針葉樹メタセコイア *Metasequoia glyptostroboides* やスイショウ（水松）*Glyptostrobus pensilis* に近縁な絶滅種であることがわかった。また、年輪から推測するに、この木々は温暖で多湿な気候で育っていたようだ。森林の低層には被子植物の高木や低木が、地表近くにはシダ植物が茂っていたのだろう。米国フロリダ州の湿地帯、エバーグレーズと似た生態系をなしていたと思われる。そこにはワニ類やカメ類のほか、カバに似たほ乳類コリフォドン *Coryphodon* もいたかもしれない。

　アクセルハイバーグ島の化石林は、4500万年前の地球が今よりも温暖だったことを示す数ある証拠のひとつだ。プレートテクトニクスによる大陸移動の影響を受けたものの、北極諸島のこの島は始新世以降、一定して現在と変わらない緯度に位置していたと考えられている。それはつまり、当時の森林は現在の植生では考えられないほど、季節によって極端に変わる日照時間にさらされていたということだ。夏は日光に一日中照らされ、冬は終日暗い夜のなか。それがどちらも3カ月連続で続いた。高木も低木も落葉性で、冬は休眠状態で乗り切ったのだ。現在の北極圏では冬の暗さよりも、寒さ・乾燥・栄養に乏しい土壌のほうが植物の成長を阻んでいる。この化石林は、たとえ高緯度地域での年間の日照量が変わっても、それが植物の成長を妨げる要因にはならない、ということを教えてくれる。

時代　中期始新世（約4500万年前）
大きさ　最大直径 1 m（立木）
産出地　カナダ

16 植物と菌類の共生と防衛

菌類の化石
fossilized fungi

　三角フラスコのような形のこの標本を見れば、4億700万年前の土壌で化石化した菌類の姿をイメージしやすいだろう。花粉粒よりも小さい姿をとらえるべくレーザー顕微鏡が用いられたため、菌化石は蛍光を示している。2枚の画像は異なる焦点から撮影した複数の画像を合成したうえで、着色が加えられている。菌の形状は中央部が細長い三角フラスコ型で、3つの頂点には菌糸が伸びていた跡が見える。表面を透過させた下の画像で内部にぎっしり詰まっているのは、菌本体よりもさらに微小な胞子だ。標本やそのほかの特徴から、これは鞭毛菌類と推定されている。おもに生態系における分解者の役割を担っている菌類だ。一方で、病原体となる種類もあり、よく知られているものでは両生類の感染症「ツボカビ症」を引き起こす菌種などがある。

　バクテリアやそのほかの微生物と同様、菌類は土壌の微生物群に欠かせない存在で、広範囲に生息する。鞭毛菌類は水生だが、土粒子がある湿った場所でも繁殖できる。菌類は太古の淡水生態系や湿地帯で重要な働きをしていた。菌類がもつ酵素の作用により、植物や動物に含まれるセルロースやキチン、ケラチンといった強固な有機成分が分解される。さらに菌類は、炭素や窒素、リンといった生物の必須元素を再結集して再生することで、植物やほかの生物体の成長を維持することに寄与している。

　この菌類が発見されたスコットランドの同じ地層では、ほかにも茎の表層にある気孔から出てきた菌類や、植物の内部組織にとどまっていた菌類も確認されている。その一部が病原菌だった可能性は否めない。植物側の反応としては、菌類の侵入を防ぐ防護壁を築こうとしたり、組織の一部を壊死させて菌類を厚い細胞壁や形成層のなかに閉じ込めようとしたりしていた痕跡も残されている。一方で、植物の防御反応を引き起こすことなく内部に侵入する菌類も存在した。植物細胞の間に菌糸を伸ばして、いとも簡単に潜り込んでしまうのだ。植物細胞の深部に入ると、彼らは細胞内で分枝状やらせん状など、さまざまな形態に姿を変える。これは「菌根菌」と呼ばれる種類だ。植物が菌の侵入を受け入れたら、双方の協力態勢のできあがりだ。菌糸を通じて土壌から必要な栄養分を吸い取ることに長けた菌根菌は、植物にとってもありがたい存在である。その見返りには、光合成で生成した糖を分け与えてやればいい。太古の昔から続いてきた植物と菌類の密接な共生関係は、植物が安定した陸上生活を始めるうえで必要不可欠なものだったのだろう。

時代　前期デボン紀（約4億700万年前）
大きさ　幅50μm（基部）
産出地　英国

17

炭素の循環と謎の共生者

腐敗した樹木
rotten log

　樹木は生きているときよりも、枯死してからのほうが多くの命を育むといわれている。健全な森林にとって、枯れ木はなくてはならない存在だ。そこに暮らすあらゆる生命体——小型の脊椎動物や無脊椎動物から、多様なコケや地衣類、菌類まで——の生育環境は、枯れ木によってもたらされている。自然条件下では、陸上における森林バイオマス[1]の4分の1は枯れ木が占めるとされる。この化石は、1億4500万年前に森林の地面に落下した大ぶりな枝の一部だ。落ちた枝は水分を失うにつれて収縮し、外層の樹皮を失って、しまいには菌類や木食い虫の温床となった。腐敗が進むと外側の木質部は崩れ始め、小さな四角い断片になっていく。この枝の場合は腐敗しきる前に、森林が大規模な洪水に見舞われて、泥層に埋もれたようだ。その後、氾濫した水に含まれていたケイ酸塩が枝の内部に浸透して結晶化し、木質部を石化させたため、枝の一部は後世まで保存されることになった。

　一般的な温帯林の場合、地表に落ちた木が分解されるには50年から100年もの歳月がかかる。樹木の高い耐久性は細胞の性質によるもので、繊維質の多糖類セルロースや、「リグニン」と呼ばれる高分子物質が関わっている。こうした物質はたんぱく質が合成してできた大型の高分子で、分解されにくいのが特徴だ。そのため、動物が木を消化吸収するのは容易ではない。甲虫やシロアリは木を栄養分にするが、これは消化管に寄生するバクテリアや原生生物が出す酵素に頼っている場合が多い。バクテリアのなかには単独で樹木を腐敗させる能力をもつ種もあるが、分解速度は決して速くない。今日の森林で抜群の処理能力をもつ分解者は、「真正担子菌類」と呼ばれる菌類だ。マッシュルームやホコリタケ、ヤマドリタケ、アンズタケ、サルノコシカケといった食用・薬用に用いられるキノコ類もここに多く含まれている。そのすべてが樹木に有害なわけではなく、植物と理想的な共生関係を築くものもいる。ただし、セルロースやリグニンを細かく分解して樹木を腐敗させる酵素を持ち合わせている菌が多いのも事実だ。

　こうした分解者たちによる活動のなかでも、生命体にとって欠かせないのが、枯れ木に取り込まれていた炭素をゆっくりと二酸化炭素ガスに変換し、大気に放出するというものだ。放出された二酸化炭素ガスは地上の植物に再び吸収され、光合成によって糖類などに姿を変えて生態系を循環する。近年行われた菌類のゲノム研究により、菌類が酵素を用いて獲得した腐敗作用の進化過程が明らかになってきた。それは植物が初めて樹木に進化した頃よりも、後の時代に始まっていたようだ。つまり、この古代木は菌類や木食い虫による損傷を受けているものの、さらに時代をさかのぼった世界最古の森林を支配していたのは、私たちが知る菌類とは異なる何か——今なお未知の分解者たちだったのかもしれない。

| 1 | —— 動植物が生む有機資源

時代　後期ジュラ紀
　　　　（約1億4500万年前）
大きさ　直径26cm
産出地　英国

18 | 食料としての植物
——捕食者との仁義なき戦い

トリゴノカルプス・パーキンソニ
Trigonocarpus parkinsoni

　地上の生態系を語るうえで避けては通れないテーマが、植物とそれを栄養源とする節足動物間の相互作用だ。植物を食べる節足動物の主たるものは昆虫だが、ダニ類やムカデのような多足類のほか、甲殻類の一部も含まれる。100万種以上ともいわれる昆虫類の生存は、食料となる植物の存在にかかっているのだ。植食性の節足動物は、多様で高度な摂食戦略を取り入れてきた。それに対し植物は、毒を含む化学物質を体内で生成することで、動物の食害に立ち向かう防御機構を進化させてきた。食う動物と食われる植物、両者の進化の方向性を決定づけていった激しいせめぎ合いは、長きにわたる地質記録に残されている。

　動物のなかでも最初に植物を食料としたのは節足動物で、両者の関係は4億年以上前にさかのぼる。最初は容易に摂取・消化できる部分のみを食していたが、やがて消化吸収しづらい植物組織も口にするようになった。その行動を示す葉面のかじり痕や虫こぶ、茎に開いた穴、節足動物の消化管の内容物や糞などが、化石となって残されている。小型の節足動物は早い段階から植物の胞子を栄養源にしていたようで、丸飲みされた胞子が糞の化石から大量に見つかることがある。胞子の細胞に含まれる内容物は消化されたが、頑丈な胞子壁は消化管をそのまま通過したようだ。なかには針のように尖った口器 [1] をもち、維管束に流れる糖類を植物の表面から直接吸えるよう進化したものもいた。現生のアブラムシに近い形態だ。枯れた植物の残留物を手頃な食料にした種類もあった。枯れた植物片は菌類やバクテリアによる分解がすでに進んでいるので、消化吸収しやすいのが利点だった。

　種子が食料となったのはさらに後のことだ。種子は内部にある胚を発芽に導くためのデンプンや脂質、たんぱく質をたくわえているため、動物にとっては栄養価の高い理想的な食料だった。標本はどちらも種子の化石で、大きさはセイヨウスモモの種ほど。いずれも表面に凹凸があるが、上の種子は中央に丸い穴が見える。現代に生きる昆虫類の幼虫が種子に残すかじり痕にそっくりだ。さて、最後の難関となる食料は葉と樹木、そして根である。いずれも高セルロースの組織構造をもち、独特の臭気を放つ芳香族炭化水素を含んでいるために、動物にとっては摂食しにくい部位だ。毒や防虫作用をもつ化学物質も植物組織にたっぷりと含まれていた。こうした植物組織を咀嚼するため、昆虫は精巧な口器を発達させるとともに、消化を円滑に行うためにさまざまな微生物と共生するようになった。石炭を形成した森林が繁栄していた約3億1000万年前までには、節足動物はすでに多くの摂食戦略を進化させ、隙あらば植物を食料源としていた。それは植物が絶え間なく進化させてきた防御機構に対して、植食性の昆虫が挑んだ終わりのない戦いの痕跡でもあった。

時代 石炭紀ペンシルバニアン亜紀
（約3億2000万〜3億年前）
大きさ 全長2cm
産出地 英国

|1|—— 動物が食物を摂取・咀嚼する口周りの器官

19 | 昆虫による受粉を選んだ植物

ペゴスカプス
Pegoscapus

　この琥珀には、約2500万年前の樹脂に閉じ込められたイチジクコバチ属 *Pegoscapus*（ペゴスカプス属）が保存されている。共焦点レーザー顕微鏡によるスキャニング画像（下）で観察すると、体の中心近くにある体腔 [1] に金色の粒状の集まりが確認できる。これはハチが集めたイチジクの花粉団子で、現生のイチジクコバチが運ぶ花粉に似た形状をしている。イチジク属の植物は中空でボール状の花序、いわゆる「イチジクの実」となる器官 [2] をもち、空洞状の内部には無数の小さな花が並んでいる。受粉を媒介するのがイチジクコバチで、メスだけが花序の小さな穴を通って空洞部分に潜り込み、内部で産卵すると同時に受粉させるのだ。イチジクとイチジクコバチは共生関係にあり、約750種あるとされるイチジク属の現生種は、種類ごとに決まった1種ないしは数種のイチジクコバチのみを介して受粉する。現生被子植物の87％は動物媒介で受粉するといわれ、媒介動物の大多数は昆虫だが、イチジクとイチジクコバチほど密接な共生関係で結ばれるものはごくわずかだ。

　昆虫を媒介とした受粉は、花や被子植物の進化に多大なる影響を与えてきたが、その起源は花の登場より前にさかのぼる。昆虫は花粉を運ぶ以前に、花粉や胞子を単なる食料として摂取していたのだろう。昆虫媒介の受粉が初めて行われたのは裸子植物だった。現生する裸子植物でも針葉樹やイチョウは風で花粉を拡散させるが、ソテツ類は甲虫のみに頼って受粉し、マオウ類はハエなどの双翅目の昆虫を、グネツム類は蛾を介して受粉を行う。中生代になると、絶滅した裸子植物の化石には、繁殖行動に関する興味深い特色が見られるようになる。極めて大型の花粉粒や、腺毛や周辺組織、球果や花のような形状の繁殖器官のなかに並ぶ胚珠の向きや位置などの特徴は、昆虫による受粉が行われていたことを示唆している。また、多くの昆虫化石では、受粉に合わせて進化した口器を確認できる。

　最初の受粉媒介者となった生物は、甲虫だろうとされている。花粉粒をかみ砕いて咀嚼できる頑丈なあごをもっていたからだ。ほかの昆虫も、花粉粒に穴を開けられるストロー状の突起や、胚珠のなかや周辺からにじみ出る液体を吸い上げたり、舐めたりできる器官を有していた。もっとわかりやすい根拠としては、この年代のごく初期に化石化した昆虫には、花粉が付着しているものがある。中生代には多くの裸子植物が昆虫による受粉を行っていたと思われ、媒介昆虫にはごく小型のアザミウマ類やクサカゲロウ類のほか、双翅目や甲虫類などがいた。今でも受粉媒介に欠かせない昆虫種ばかりだ。こうした初期の裸子植物は、やがて被子植物の台頭とともに姿を消した。裸子植物の受粉を媒介していた昆虫のなかには、被子植物に鞍替えした種もいただろう。やがて花の進化とともに、チョウや蛾の仲間、ミツバチやスズメバチの仲間といった新たな花粉媒介昆虫が生まれていった。

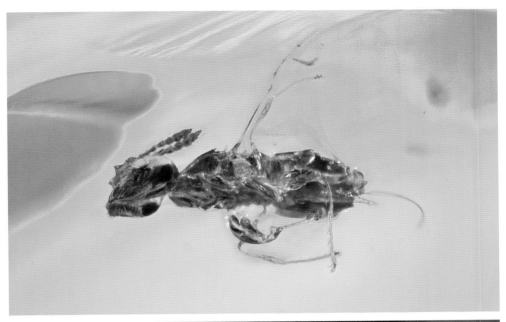

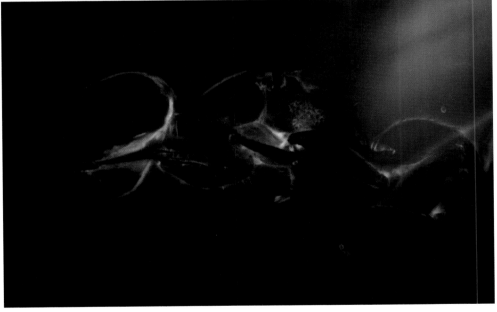

時代　漸新世〜中新世
　　　（約2500万年前）
大きさ　全長1mm（ハチ）
産出地　ドミニカ共和国

20 | 植物化石に残る動物たちの進化の跡

糞の化石
coprolites

　岩石の表面には、不ぞろいな茶色い丸形の物質が40個以上散在している。大きさはまちまちだが、いずれも直径およそ1cm。これはジュラ紀に生きた、大型のウサギか、せいぜいヒツジほどと思われる大きさの動物が残した糞石、いわゆる糞の化石だ。ところどころ黒く見えるのは、有機物が変色したためだ。強酸化剤に浸すと、糞には植物の表皮の断片が多く含まれていることがわかった。複数の異なる細胞組織をもつ表皮は、どうやらソテツ類に似た小型植物の葉に由来するようだ。当時の植物相でよく見られた植物種だ。糞石を残した動物は植食性で、この低木の葉を好んで食べていたのだろう。植食性動物の消化管に残された内容物や糞が化石化するのはごくまれで、うまく採取できれば動物の食性を知るうえで有益な資料となる。この糞の落とし主をはっきり特定することはできないが、岩石の年代から想像するに、当時この大きさの糞をする動物といえば、まず恐竜が思いつく。
　水から陸地に上がった最初の脊椎動物は、水陸両生の肉食動物で、節足動物や魚類を食料源にしていた。陸上生活の環境がさらに整ってくると、なかには植物を日常的な食料や季節ごとの栄養源としてみなす動物が現れ始め、やがて雑食性に進化した。続いて広範囲に登場したのが植食性動物で、その多くは雑食動物を祖先としている。現生種の脊椎動物では、植食性動物が占める食性の範囲は非常に広く、繊維質が豊富な葉・茎・樹皮を食する種から、デンプンや糖類が豊富な果実や種子だけを選んで食べる種までさまざまだ。植食性に移行するには、セルロースを多く含む食べ物に適応するために、身体器官のあちこちを発達させる必要があった。とりわけ重要なのが頭蓋骨と歯、消化器官の改良で、この進化は繊維質が多い植物を食べる種ほど顕著に現れている。一部の恐竜で進化した頭部と歯の形状は、現生のどんな哺乳類にも引けをとらないほどよくできている。上下でかみ合う歯列、短い周期で何度でも生え変わる歯、硬いくちばし、そして植物をかみ切って咀嚼するのに優れた複雑なあごの構造。また植食性への進化は、多くの動物の体を巨大化させた。消化器官を大きくする必要があるためで、その内部に棲みつく共生バクテリアに栄養分を届けないことには、植物に含まれるセルロースをうまく分解できなかったのだ。このように植物は、動物の進化過程にさまざまな足跡を残してきた。特に、多数の動物が植食性に進化したことにより、動物の生態は短期間のうちに驚くほどの多様性をもつようになった。そしてそれは、陸上で最も巨大な動物の出現へとつながっていった。

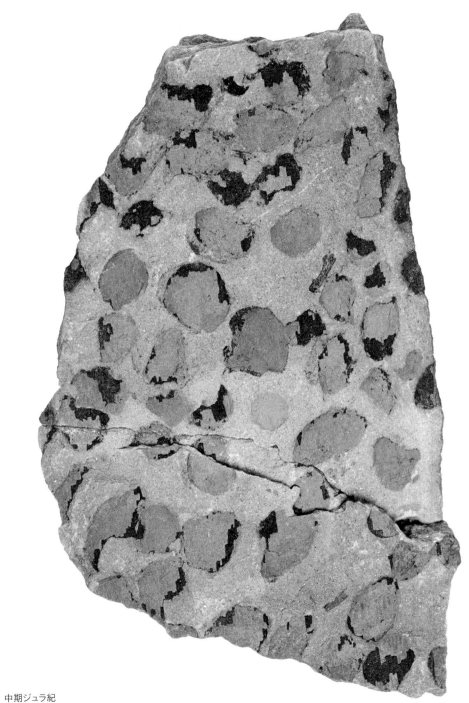

時代 中期ジュラ紀
（約 2 億 4700 万〜 2 億 3700 万年前）
大きさ 幅 8 cm
産出地 英国

巨大なヒカゲノカズラ

スティグマリア
Stigmaria

　化石化した樹幹のなかでも、石炭の採掘中にしばしば発見されるこの「石の柱」ほど際立って印象に残るものはない。写真には、太い根の部分がそのまま残された切り株がはっきりと写っている。これは切り株の内部が砂岩に置き換わった印象化石（キャスト）[1]で、高さは約1.7m、重さは1tを超える。幹の部分は泥炭湿地の森林で最大の高さを誇っていたレピドデンドロン（p.38参照）の一種で、樹高45mに達するものもあった巨木だ。

　この化石標本は、英国・北ウェールズ地方にある露天採掘式の鉱山で発見された。地下数百mに掘られた危険と隣り合わせの鉱山では、このように化石化した樹木は珍しくなく、掘削作業中に炭層の上部にある頁岩の層から表出することがある。根元の部分を見ると、炭化した薄い年輪状の層が幹の表面を覆い、内部の砂や泥を取り囲んでいる。その外観から、鉱山では「鍋底」と呼ばれる太古の樹木化石だ。下の炭層を掘る場合は幹の部分をボルトでしっかりと固定する必要がある。天井から落ちて柱のように倒れ込んできたら、下にいる炭鉱作業員や坑道設備に危険が及ぶからだ。炭層に埋まった巨大な根の部分は「スティグマリア」と呼ばれる担根体で、ヒカゲノカズラ類がもつ植物器官だ。ヒカゲノカズラ類は、陸上生物が登場した初期に最も多様性に富んだ進化を遂げた植物でもある。

　ヒカゲノカズラ類の現生種は、小ぶりであまり注目されることのない植物で、植生の一端を占めているに過ぎない。日当たりのよい森林地帯やよく開けた場所に育ち、「匍匐茎」と呼ばれる横方向に伸びる茎を広げてびっしりと群生し、細い針状の葉から黄色い胞子嚢穂を形成する。そのひとつであるイワヒバ類は熱帯林で多く見られるほか、栽培用の温室に侵入する雑草としても知られ、ヤシやシダのように平らな葉が茎に集まって生える種が多い。同じくヒカゲノカズラ類のミズニラは、じつは石炭紀の樹木に最も近い子孫だ。ミズニラがもつ羽ペンの軸のような細長い葉は、古代樹木との類似点として注目に値する部位で、ミズニラの祖先が太古の巨木であることを数億年の時を超えて伝えている。ただし、巨大さを誇った祖先類に比べると現生のミズニラはごく小型で、群生して育つ植物だ。多くは水生か半水生で、淡水湖や水に浸かった場所に生える。化石化した祖先の植物とサイズを比較すると、ミズニラは時代を経て著しく小型化していることがわかる。大きさや生育形態が劇的に変化してきたとはいえ、太古から連綿と続くこの植物は、3億年以上にわたって湿地帯や水辺の地にしっかりと根を張ってきたのだ。

[1]——もとの組織が消失し、外形の印象だけが残った化石

時代　石炭紀ペンシルバニアン亜紀
　　　（約3億2000万〜3億年前）
大きさ　全長1.7m（樹幹）
産出地　英国

22 | 花より前に栄えたシダ植物

クラドフレビス・アウストラリス
Cladophlebis australis

オーストラリアのクイーンズランド州南西部、ワロンの夾炭層[1]で産出したシダ植物の葉の化石は、めったにお目にかかれないほど素晴らしい状態で保存されている。葉脈と羽片が描く繊細な輪郭は、地中の二酸化ケイ素によって乳白色に浮かび上がり、化石化した葉身の茶色と、植物を閉じ込めて酸化した岩石のこげ茶色との鮮やかなコントラストをつくっている。葉の形状は、現生のシダ植物のなかでもゼンマイ科——由緒正しきシダ植物の一種だ——によく似ているので、おそらくその近縁種だろう。被子植物が登場する以前、1億年ほど前まで、ゼンマイ科のシダ植物は地表を覆う草本植物のなかでも突出した種の豊富さを誇り、現生の大草原を埋め尽くすイネ科植物などと同様に開けた大地を支配していた。シダ植物の多くは中生代かそれよりも早期に起源をもつが、なかにはもっと遅れて登場した種もある。1万種以上の現生シダのほとんどは、被子植物と同様の道筋を経て進化した。その過程でより広域な生息地に適応していったのだろう。日がほとんど当たらない森林の地面や、今でも多数の着生植物が育つ樹木の幹や枝にも勢力を広げていった。

数ある古代植物のなかでも、シダ植物ほど複雑かつ多様な進化過程を経たものはない。またシダ植物の繁栄は、短期間のうちにほかの植物種に暗い影を落とした。その一例が、約6600万年前、暁新世層の最初の数cmに残されている。当時の植生は一種ないし数種の植物のみが優勢を占める場合が多く、その常連がシダ植物だった。注目すべきは、シダ植物が爆発的に大繁殖した形跡があった点だ。短期間のうちに急速かつ大量につくられたシダ胞子の化石を含む岩石を見れば、一目瞭然だ。多量のシダ胞子を含む化石群は、地球環境が壊滅的な状況に陥った後に反動として生じる、自然界の環境回復を裏づけるものとみなされている。現生のシダは植物が生育しにくい環境にもいち早く根を張り、とりわけ熱帯では繁殖しやすい。火山地帯や森林火災後の大地もあっという間に埋め尽くす。シダ植物が早く大量に群生するのは、地中に埋もれて火事をやり過ごせる根茎や、風にのってはるか遠くまで飛散できる無数の胞子によるところが大きい。暁新世にシダ植物が一時的な大繁殖を果たしたのは、その前の白亜紀末に起こった、恐竜を絶滅に導いた世界的な惨事後のことだった。その原因は小惑星の衝突とも、「デカン・トラップ」[2]と関連した大規模な火山活動ともいわれている。その火山帯があったインド中央部には、膨大な火山岩が集積している。大規模な自然現象により、地上の動植物は絶滅の危機に追いやられ、やがて壊滅の地に再び芽吹いた最初の植物が、新生代の幕開けを告げるシダ植物だったのだ。

1 ——炭層を挟んだ地層
2 ——インドのデカン高原に分布する、地球上で最も広大な火成活動の痕跡

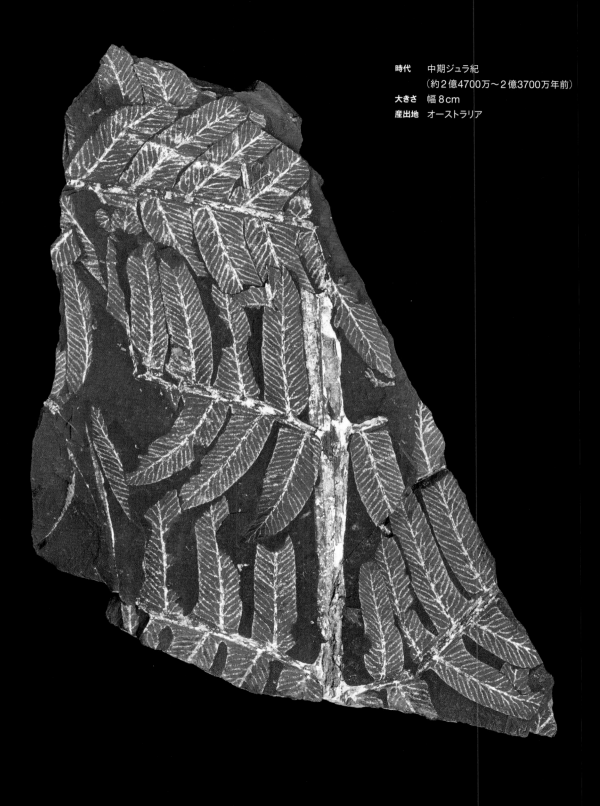

時代　中期ジュラ紀
　　　（約2億4700万〜2億3700万年前）
大きさ　幅8cm
産出地　オーストラリア

23 | トクサ類の繁栄とダーウィンの進化論

アステロフィリテスとパレオスタキア
Asterophyllites and *Palaeostachya*

　竹のように節で器用につながった茎、その節をぐるりと囲むように輪生する側枝。石炭紀の炭層に含まれる岩石からよく採取される化石だ。この標本では、側枝に2種類の異なる形態が見られる。ひとつは細く曲がりくねり、表面に単純な剛毛をもつ部分。もうひとつは、それよりも太く直立して伸び、尖った先端をもつ部分だ。「Horsetails（馬の尻尾）」の英名でも知られているこの植物は、15種のみの現生種が残り、すべてトクサ属 *Equisetum* に分類されている。現生のトクサ類は強い繁殖力をもつ多年生の草本植物で、地面からまっすぐ伸びる地上茎は、地中に力強く広がる地下茎に支えられている。トクサ類には、ほかの植物とすぐに見分けがつく特徴がある。それは大昔から変わらない、茎の節を包むように生える「葉鞘」と呼ばれるうろこ状の葉で、茎に輪生する側枝もこの節から伸びる。胞子嚢穂についた胞子によって繁殖するが、草丈は種によって幅があり、熱帯では高さ8mほどに育つ種もある一方で、温帯域では5cm程度の小型の種もあり、さまざまだ。農作物などに害を及ぼす雑草として敬遠されがちな一面もあるトクサだが、化石記録では幅広い年代にかけて多様な種が産出している。

　トクサ類を表す言葉として、よく使われるのが「生きている化石」だ。かのダーウィンが1859年に『種の起源』で提唱した語で、ダーウィンの著書ではカモノハシやミナミアメリカハイギョを指して使われていた。「生きている化石」には諸説あってその定義も明確ではないが、一般的には数千万年から数億年前に生息していた近縁種から系統が分かれ、数を減らした種や種群を指す。もしくは、かつての多様な種群から数を大幅に減らしたものの、太古から生き抜いている現存種や、何千年以上にわたって形態や生態系をほぼ変えずに現存する生物を指す場合もある。これを踏まえると、トクサ類はほぼすべての基準に当てはまっているように思える。

　トクサ類と明らかな関連性がある最初期の化石群は、ノルウェー領スヴァールバル諸島にあるビュルネイ島で産出した3億8000万年以上前のデボン紀の岩石から発見された。節でつながるように見える茎や節の周りに輪生する側枝は、現生のトクサ類と酷似している。その反面、異なる特徴もあり、特に草丈は15mを超えていた。この植物はシュードボルニア *Pseudobornia* と名づけられ、トクサ属とは別属に分類された。古代のトクサ類は石炭紀の泥沢地で旺盛に繁殖し、つる状の草本植物から大型の樹木まで多様な形態があった。そのうちのひとつ、木質をもつカラミテス *Calamites*、和名では「ロボク（蘆木）」と呼ばれる属などは高さ20mに達し、ほかのトクサ類と同じく頑丈な地下茎に支えられていた。ロボクの植物化石は、部位によって異なる学名がついている。林冠をなす葉はアステロフィ

時代 石炭紀ペンシルバニアン亜紀
（約3億2000万〜3億年前）
大きさ 幅22cm
産出地 英国

リテス *Asterophyllites*、葉よりも小ぶりでふくらみをもつ胞子嚢穂はパレオスタキア *Palaeostachya* だ。この植物化石も、ロボクのような大型植物の一部に過ぎないのかもしれない。現生のトクサ類と同様、ロボクも水分の多い土壌を好み、湖や河川沿いに広がる砂州のような地盤のゆるい場所に繁殖していた。トクサ属と断定できる特徴をもつ最古の化石は、カナダのブリティッシュコロンビア州にある 1 億 3600 万年前の白亜紀の地層から採取されている。現生種とほぼ変わりない特徴を備えた化石だ。

　現在のトクサ類は、おもに北半球の温帯気候に広く分布している。今や道路や線路脇にも進出しているが、これは排水溝付近が絶好の生息地になるからだ。現生種の分布についてひとつ不可解なのは、ニュージーランドとオーストラリアに在来種のトクサ類が自生していないことだ。どちらの国からもトクサ類の祖先にあたる化石は多量かつ複数種にわたって産出しているし、ニュージーランドにいたっては白亜紀より後の中新世の地層でも化石記録があるというのに。これらの地域でトクサ類がなぜ消えたのかは、いまだに解明されていない。一説では、大陸移動によって南極大陸からオーストラリアとニュージーランドが切り離され、緯度を変えて北上したことによる環境変化が原因だといわれている。これによって、トクサ類の生息地で気候と土壌の水分状況が大きく変化したからである。そしてその後に続く新生代の新第三紀で、在来の被子植物との生存競争に勝てなかったことも消滅の一因かもしれない。

　トクサ類は先に述べた「生きている化石」の条件に当てはまるように思えるが、現代にこの表現を持ち出すのは賛否両論があるかもしれない。何百万年にわたって変化していない生物が存在するとなると、ダーウィン以降の進化論を覆しかねないからだ。ちなみに進化論は、「ある種の生物はほかの種に比べて高等でより進歩している」とする優生思想の世界観につながるとして批判されてきた一面もある。トクサ類に関していえば、その形状や生態が中生代の近縁種と類似していることに疑いの余地はないが、変化した部分が皆無だったわけではない。現存する 15 種のトクサ属は、かつて生態系で存在感を放ち、多様な種を誇った植物の末裔には変わりない。しかし、トクサ類の系統の DNA 分析に基づく研究では、15 種すべての共通祖先が、驚くほど最近の新生代初期までしかたどれないことが判明した。しかもそのほとんどが、さらに新しい中新世という時代にもなお進化していた。つまり、古代から存在してきたトクサ類だが、現生種は比較的新しい時期に起源があると証明されたわけだ。たとえ、外観や構造がずっと以前から変化していないように見えたとしても。

24 | ソテツの種は恐竜の食料？

バクランディア・アノマラ
Bucklandia anomala

　　イングランド南東部の丘陵地帯、ウィールド地方は、過去に重要な化石が多く産出してきた場所だ。「ウィールド（Weald）」の地名は古英語で「森林」を意味するが、森林地帯はすでに減少し、今では農耕地や荒れ地が広がっている。一帯の地層は地殻変動の圧縮によって波形に曲がり、「背斜」と呼ばれる山型に盛り上がった部分が削られて、おもに白亜紀に形成された地層の一部が露出している。1822年、イギリス人の医師ギデオン・マンテルが世界で初めてイグアノドンの歯の化石を発見したことで、ウィールド地方は古生物学界で一躍有名になった。この発見は、イギリスの古生物学者リチャード・オーウェンが1841年に恐竜に正式名称を与えたことにつながっている。

　　マンテルは動物の化石のほかにも、植物化石をいくつか採取していた。なかでも特徴的な化石は、内部が砂岩に置き換わった大型の樹木で、外側は鱗片で覆われていた。表面の割れ目からは円柱状の中心部が露出し、内部の植物組織が耐久性や硬さの異なる層をなしていることを示していた。表面を覆う鱗片は、木に茂っていた大ぶりな葉が落ちた跡だ。のちに、この樹木はソテツ科の一種と推定された。

　　ソテツ類の多くは太く強健な幹を備え、その内部の大半はデンプンで木質部は少ない。長くしなるような複葉は硬く、先端は鋭く尖っているものが多い。雌雄異株で、花粉と胚珠を含む雌雄の球花がそれぞれ別の個体につく。全体的に成長が遅く、幹の大部分が地下に埋まった低樹高の種もある。受粉手段の大半は昆虫媒介だ。ゾウムシ類やアザミウマ類といった虫がソテツ類と共生関係にある。種子は栄養豊富な肉質部に包まれ、鳥やコウモリのほか、げっ歯類など小型のほ乳類を引きつけて、子孫の拡散に役立ってもらう。330種以上ある現生のソテツ類は、熱帯や亜熱帯、温帯の世界各地に広く分布している。大型のソテツは都市部の景観でも好まれ、暑い地域の建物や芝生の周辺に植栽された姿を見かけた人も多いだろう。ソテツ類の歴史は古く、その起源は2億6500万年以上前、少なくとも中期ペルム紀には出現し、中生代には大いに繁栄した。外観から識別しやすい植物だが、初期のソテツ類は現生種よりも葉や球果の形状が多岐にわたり、幹はより細いものが多かった。また、現生種の系統をDNA分析したところ、大変興味深い傾向が見られた。現生するソテツ類11属のうち、多くは1億年以上前の中生代後期に起源をもつが、より時代が進んだ過去2500万年以内に進化した種も存在したのだ。つまり、古代ソテツ類の多くは進化の過程で絶滅したことになる。地質学的な状況を踏まえると、現生種のソテツ類の祖先は約2300万年前に始まった新第三紀に登場したようだ。この時代の生物進化に影響を与えたであろう自然現象に、世界的な気候の寒冷化と、大半のソテツ類が自生するのに適し

時代　前期白亜紀
　　　　（約1億4500万～1億年前）
大きさ　全長12cm
産出地　英国

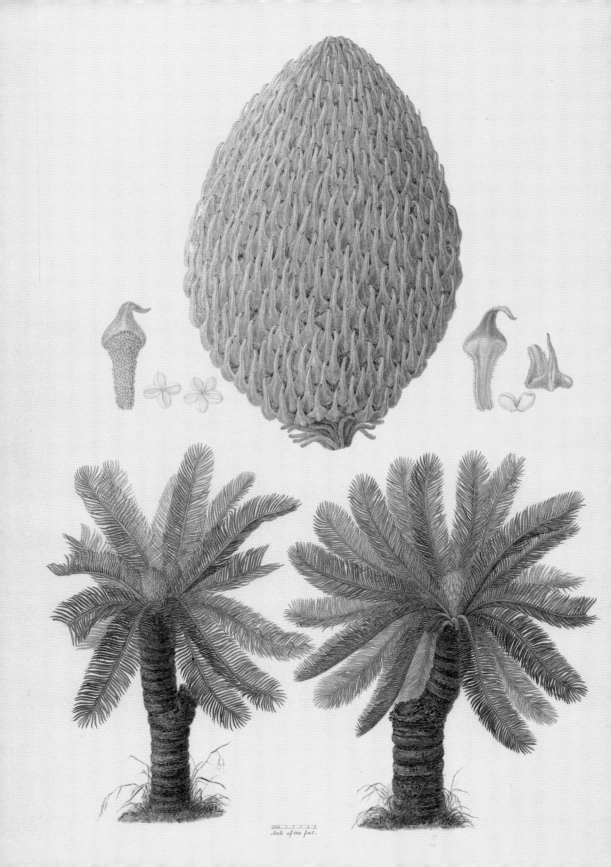

Scale of one feet.

左ページ：ソテツ科植物のキカス・メディア *Cycas media* の種子は一見ナッツのようだが、未処理のままでは毒性がある。
オーストラリアの先住民の人びとは、種子を毒抜きして食用にする方法を身につけていた。
『Botanical Drawings from Australia』（1801）、フェルディナンド・L・バウアー（1760〜1826）

た熱帯と亜熱帯に生じた季節の変化が挙げられる。比較的新しい時代に爆発的に種を増やしたソテツ類だが、現在では現生種の3分の2が絶滅の危機にある。すでに自然界から姿を消してしまった種も少なくない。

　大型のソテツ類はヤシの木によく似ているが、異なるグループに属している。後者は被子植物だが、前者はむしろ球果類に近い。ほかにも、白亜紀の終わりに絶滅した古代植物・ベネチテス類（p.88参照）との類似性も指摘される。その化石はソテツ類の形状に酷似しているため、両者の葉や幹はときに見分けがつかないほどだ。化石がどちらの植物類に属するのか不明瞭なときは、便宜的に「ソテツ様の」を意味する「シカドフィタ cycadophyte」と命名される。しかし、ベネチテス類はソテツ類の一種というわけではない。繁殖器官やほかの解剖学的特徴を詳細に調べると、このふたつは近縁関係にはないことがわかる。ヤシ類と同様、互いの生態がこれだけ類似するのは、生物界における収斂進化の一例といえる。前ページで紹介した植物化石も、これまでにソテツ類ともベネチテス類ともいわれてきた。どちらのグループに属するのかを断定するに足る根拠が、いまだ発見されていないのだ。

　ソテツ類は恐竜より前に登場し、その多くは恐竜より寿命が長く、どちらも1億8500万年以上前の中生代の地球で、ともに生きていた。果たして植食性の恐竜は、ソテツ類の葉や種子さえも食料にしていたのだろうか？　それを証明する恐竜の糞や胃の内容物の化石は、ほとんど産出していない。現代に話を移すと、現生のソテツ類は例外なく強い毒成分を含む。それを食したほ乳類は強い中毒症状を引き起こし、ときには死に至る場合もある。一方で、ソテツ類を食べても無症状な生き物も存在する。若く柔らかい葉を好んで食べる仲間だ。ソテツ類の種子に関しては、つやのある明るい色合いのものが多く、核の部分はデンプンが豊富だが、こちらにも強い毒性がある。とはいえ、核を取り囲む肉質部は無毒で食用になるため、ソテツの種子を食べる動物は通常、肉質部のみを取り出して毒のある核を捨てるか、種子ごと丸飲みして肉質部を消化し、核は体外に排出してしまう。食料を求める動物にとって、ソテツ類は手ごわい相手だが、ソテツは種子拡散の媒介となる動物には見返りを与えてきた。たとえばサイチョウやオウムといった鳥類は、ソテツ類の種子を食べることで知られている。鳥類といえば、獣脚類の恐竜から分化した生物であることが通説となっている。古代のイグアノドンをはじめ、非鳥型の恐竜たちがソテツ類を食べた確固たる証拠はないものの、その葉や種子はかつて、誰もが知っている絶滅動物たちの食料の一部になった可能性は十分にあるというわけだ。

宝石のような針葉樹の球果

アラウカリア・ミラビリス
Araucaria mirabilis

　そのみごとな保存状態ゆえに、まるで原石や鉱物かと見まがうような植物化石がある。この針葉樹の球果は、微細な石英の結晶が集まった玉髄（カルセドニー）に変化して地中に眠っていた。現代の南半球を形成した太古の地殻運動によって生じた化石だ。レモンほどの大きさの球果を両断するにはダイヤモンドカッターが必要で、表面を研磨すると、中心部をぐるりと囲んで並ぶ松の実のような大きな種子が現れる。この化石が形成されたジュラ紀は、現代の南アメリカ大陸にあたる地帯で大規模な火山活動が生じ、ゴンドワナ大陸が分裂し始めた時期だ。膨大な量の溶岩が堆積し、噴火口から湧き出た大量の灰によって辺り一帯の森林は壊滅し、埋没した。その形跡はアルゼンチンのパタゴニア地方セロ・クアドラード化石林として残っている。植生がほぼ見られない乾燥地帯だが、茫漠と広がる荒れ野には化石化した巨木の幹や枝、球果が多く点在している。ジュラ紀の時代、一帯は針葉樹林だったのだ。そして当時の針葉樹で多数を占めていたのが、古いグループのナンヨウスギ科 Araucariaceae の種群である。

　ナンヨウスギ科植物の多くは常緑高木で、その生態は個性的で興味深い。現生種37種のうち、大半は南半球に自生している。そのひとつ、「Monkey puzzle tree（モンキー・パズル・ツリー）」の英名をもつチリマツ（アラウカリア・アラウカーナ *Araucaria araucana*）は、園芸用にも広く植栽されている種だ。ナンヨウスギ科のなかでも圧倒的な丈夫さを誇り、寒冷にも多雨の気候にも強い。中生代に栄えたナンヨウスギ類は、多くの針葉樹と同じく風媒によって花粉を拡散し、個体ごとに2種類の球花をつけた。種子をもつ雌球花は、花粉をもつ雄球花に比べて形態が豊富だが——これは針葉樹の全般に当てはまる——その理由は、双方がもつ役割の違いにある。雄球花は多量の花粉を生産して風にのせ、送粉さえできれば事足りるので、進化の過程で形状や構造が大きく変化しなかった。一方、雌球花の役割はそれよりも複雑だ。内部で育つ種子を強固に保護しつつ、成熟したら遠くに拡散させるという絶妙なバランスが求められる。かつ雄球花の花粉も取り込まなくてはいけない。針葉樹の雌球花はジュラ紀から白亜紀にかけて多様に進化し始め、恐竜や鳥やほ乳類との相互作用も強めていった。受粉後に結実した球果は、ナンヨウスギ類やマツ類ではいわゆる「松ぼっくり」となり、内部に種子をびっしりと並べ、固い鱗片で動物の捕食から身を守った。かたや、マキ類やイチイ類などの針葉樹は、果実のような柔らかく色づいた肉質部（仮種皮）を球果に備え、鳥を媒介として種子を拡散させる道を選んだ。さまざまな形態に進化した針葉樹の雌球花だが、その多様性は被子植物には及ばない。おそらく花のような昆虫による受粉媒介が少なく、それに合わせた進化形態をもたなかったせいだろう。

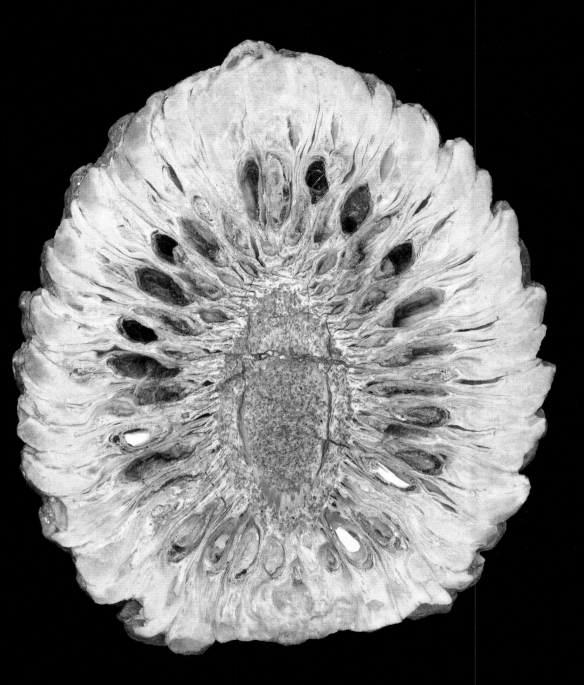

時代 中期ジュラ紀
（約２億4700万～２億3700万年前）
大きさ 幅６cm
産出地 アルゼンチン

26 | 謎多き“移行期”の化石

アルカエオプテリス・ヒベルニカ
Archaeopteris hibernica

　「移行期の化石」とは、生命の進化段階に生じる空白期間を埋める、絶滅種の化石を指す。ときにその姿は、現代の私たちにとってはあり得ない特徴が混ざり合う、摩訶不思議な生物に見える。こうした化石群は「ミッシングリンク」とも呼ばれるが、古生物学者はこの表現をあまり好まない。本来は樹木のようにさまざまに枝分かれする生命進化の過程が、あたかも長い連続性をもつ1本の線のようにとらえられてしまうからだ。これまで動物の移行期にあたる化石群は多数発見されているが、植物も負けてはいない。ただ植物の場合、一見しただけで移行期の化石を判断するのは難しい。植物化石は通常、幹や果実や葉といった個別の部位のみが産出するからだ。その植物がもつ特徴の組み合わせが奇妙だとわかるのは、異なる部位の化石が明らかに同じ植物種から生じたと判断できる場合に限られる。この化石は、「アルカエオプテリス *Archaeopteris*」と呼ばれる直径1m超の古代巨木の一部だ。だが、発見当初はシダ類の化石とされ、その真の姿は100年近く明らかにされなかった。

　事の始まりは、1871年にカナダ人の地質学者ジョン・W・ドーソンがデボン紀の地層から発見し、アルカエオプテリスと命名したシダに似た葉の化石だった。1939年になってアメリカ人の古植物学者チェスター・A・アーノルドが、アルカエオプテリスが大きさの異なる2種類の胞子によって繁殖していることを発見し、シダ類との関連性に疑問を投げかけた。そのような特徴をもつ胞子は、現生のシダ類では非常に少ないからだ。少し時間を戻して1911年、ロシア人の古植物学者ミハイル・D・ザレスキーによって、ウクライナのドネツ盆地で新たな形状の珪化木が発見されていた。アルカエオプテリスとは無関係に見える樹木化石だったが、これがのちに重要な意味をもつようになった。珪化木にカリキシロン *Callixylon* と名づけたザレスキーは、その枝葉や繁殖器官の発見には至らなかったものの、現生する針葉樹とカリキシロンの類似性を示唆していた。その後もカリキシロンの樹幹は北半球の各地で産出し、その多くはアルカエオプテリスの葉化石と一緒に見つかっていた。そして1960年、ドーソンの最初の発見からじつに約100年後に、アメリカ人の古植物学者チャールズ・B・ベックによって、アルカエオプテリスの葉とカリキシロンの樹幹が同一の植物のものであるという驚きの発見がなされた。

　シダのような葉を茂らせ、胞子繁殖しつつも、針葉樹とほぼ変わらない樹幹をもつ。そのような植物は現代には存在しない。この移行期の化石によって、シダ類と種子植物の中間段階に位置づけられる、未知なる植物の存在が明らかになった。その後に登場した種子植物から、やがて球果植物やソテツ類、イチョウ類といった裸子植物や、後年の被子植物が進化していったのだ。異彩を放つアルカエオプテリスの姿は、現代にその子孫が実在し

時代　後期デボン紀
　　　　（約3億8000万〜3億6000万年前）
大きさ　全長68cm
産出地　アイルランド

ないがゆえに多くの議論を生んだ。この興味深い植物は初期の森林で高木や低木となった
ことがわかっているが、その生態の詳細は今なお多くの謎に覆われている。

27 | 太古の絶滅植物――シダ種子類

フィソストマ・エレガンス
Physostoma elegans

　化石のなかには、過去の生態系の一端をタイムカプセルのごとくそのまま保存したものがある。いわゆる炭球（たんきゅう）もその一種だ。およそ3億1500万年前、泥炭湿地林の有機質土壌で形成された炭球は、おもに炭酸カルシウムか炭酸マグネシウムでできたコンクリーションで、植物遺体を良好な保存状態のまま包んで丸い球状に固まっている。この炭球の断面には、細かい植物組織の断片のなかに全長約2.5mmの淡色の楕円体が見られる。厚みや密度、形状の異なる複数の薄い層が楕円体を包み、外側には指のような突起物がいくつか生えている。楕円体は植物の小さな種子、周囲を覆う層は分泌組織と管状の被毛で、よく見れば、層のなかで微細な泡のようにびっしりと並ぶ細胞まで確認できる。この層は、種子の栄養分を吸収するために植物組織に侵入した、胞子を生成する菌類だ。種子は、古代森林の低木層で大いに栄えながらも絶滅した植物群、シダ種子類のものである。
　シダ種子類の発見を巡っては、すでに20世紀初頭に古植物学者の間でささやかれていたことがある。石炭紀の岩石からとりわけ豊富に産出するシダ類に似た葉の化石が、じつはシダ類ではなく、絶滅した未知の種子植物のものではないか、と。研究の手がかりとなったのは、とある不可解な特徴をもつ葉の化石だ。それはシダの葉のようでありながら、通常のシダ類とは違って木質の枝をもち、葉の裏側にあるべき胞子嚢がまったく見当たらなかった。その繁殖形態の解明は目下の課題だったが、道のりは決して平坦ではなかった。大きく躍進したのは1902年、フランシス・W・オリバーが、炭球に残された種子をつける器官から、この枝葉のものと酷似した腺体[1]を発見したことに始まる。種子と枝葉が同一の個体から産出したわけではなかったものの、腺体の類似性は双方の関連性を説明するには十分だった。オリバーはさらなる確証を得るため、精力的な若き研究助手のマリー・ストープスに助力を請い、自身の仮説を大きく後押しする研究成果を得た。その後、同じく植物学者のダキンフィールド・H・スコットと共同で、1904年、太古の時代に優勢を誇った新たな植物群「シダ種子類」の存在を提唱した。シダ種子類はシダ類とは異なる。葉の形状は一般的なシダ類に似ているが、これは植物に多く生じた収斂進化の一例といえるだろう。なお、マリー・ストープスはこの研究を機に博士論文を発表し、古植物学者の道を歩むようになった[2]。その後は紆余曲折を経て、現在では社会改革や女性権利を訴えた作家としての顔のほうがよく知られるようになり、1921年にはロンドンで初の避妊クリニックを開いた人物でもある。

[1]―― 腺点ともいう
[2]―― ストープスは1907年、植物化石の研究で日本にも訪れている

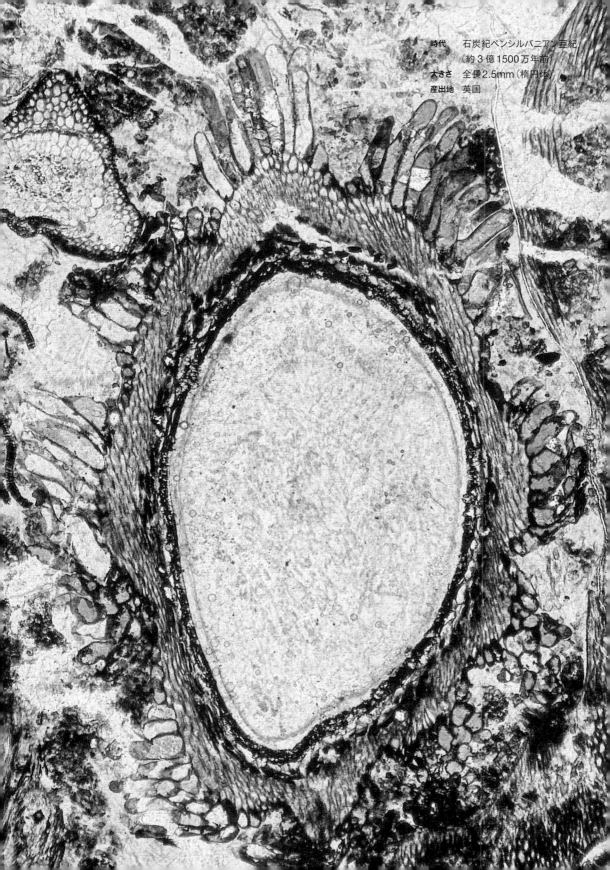

時代　石炭紀ペンシルバニアン亜紀
　　　（約3億1500万年前）
大きさ　全長2.5mm（楕円体）
産出地　英国

絶滅の淵から生還を果たしたイチョウ

ギンゴウ・クレイネイ
Ginkgo cranei

　このエレガントな葉は5000万年以上前、風に吹かれて木から湖へ舞い落ち、鉱物を多く含む水に浸かったうちの1枚だ。葉脈が描く繊細な線は、二酸化ケイ素の作用によって乳白色に浮かび上がり、細長い葉柄から扇型の葉に向かって広がるように伸びている。ロウを塗ったようになめらかな葉の表皮を顕微鏡で観察すると、規則正しく並んだ細胞の連なりが確認できる。同じ地層からは、葉と同様に二酸化ケイ素に置き換わった小さな種子も複数発見された。その一部は丸い形状が残り、核の周りにはアンズのような厚みのある肉質部があったことがわかる。いずれもイチョウ *Ginkgo*、英語圏では「Maidenhair tree（乙女の髪の木）」として知られる樹木の葉と種子だとひと目でわかる特徴だ。イチョウの現生種はギンゴウ・ビロバ *Ginkgo biloba* の1種のみで、原産は中国だが、温帯気候の都市部における育てやすさや葉の美しさから、今では世界各地で観賞用に植えられている。東アジアの一部では、イチョウの“実”は食用に重宝され、古来より医薬にも用いられてきた。葉の形状が印象的な長寿の樹木でもあるため、中国や韓国、日本では特に縁起のよい木とされ、神社仏閣では立派なイチョウの古木が立ち並ぶ姿が見られる。植栽では長い歴史をもつ樹木だが、原産国の中国でも真に自生した個体の存在は未確認のままだ。

　イチョウの歴史は、地質学上では2億年前にさかのぼる。扇状の葉がシンボルだが、先祖の姿はもっと変化に満ちていた。イチョウ類に属するとされる最初期の植物は、細かく裂けた葉をもち、今よりも小ぶりで多数の種子をつけた。ジュラ紀から白亜紀初期にかけてさらに多様化すると、イチョウ類は世界各地に分布して、現在の南極大陸を含むあらゆる大陸で主要な植物となっていった。ところが、およそ1億年前になると、新たに進化した被子植物の台頭により、イチョウ類が好む川岸の生息地は徐々に侵食されていった。新生代になると、地球の気候変動を受けてイチョウの分布に大きく目立った変化が現れた。イチョウは、熱帯の植生からいち早く姿を消した植物だ。温帯には多数生き残っていたので、より涼しく季節性がある気候のほうが適していたのだろう。熱帯でのイチョウの消滅は、始新世に入るとより顕著になった。気候がより温暖化し、熱帯気候が高緯度地域までを覆った時代だ。新生代の漸新世から中新世の頃になると熱帯の拡大化が収まり、涼しく乾燥した気候が中緯度地域を中心に広がった。イチョウの分布はこれに従って、比較的安全だった高緯度地域から再び南下して現代のヨーロッパや北アメリカ、アジア地域に広がった。一方、南半球では異なる展開が生じていた。環境変化がより急速かつ大規模に生じたのか、イチョウは少なくとも2400万年前までに南半球から完全に姿を消していたとされている。その後、寒冷気候が北半球全体を覆うと、かつての森林地帯は北アメリカでは「プ

時代　暁新世
　　　（約6600万〜5600万年前）
大きさ　幅 7cm（葉）
産出地　米国

レーリー」、アジアでは「ステップ」と呼ばれる乾燥した草原地帯と化し、イチョウの分布にはますます不向きになった。それでも化石記録に基づけば、イチョウは1500万年前のアイスランドや、ほんの500万年前のブルガリアやギリシャにあたる地域に自生していたことがわかっている。更新世になると、長く続いた氷河期が大きな打撃となって、イチョウは氷河期の終焉とともに世界中からほぼ消滅した。かろうじて残ったのは、氷河の影響をまぬがれた中国の東部〜中南部の盆地に生き延びた個体群のみだ。約5万年前になって現生人類が現れた頃には、イチョウは遺存種[1]として自生していた。古植物学者のピーター・クレインは著書『イチョウ 奇跡の2億年史：生き残った最古の樹木の物語』で、世界の様相が今とまったく違っていたのはそう遠い昔の話ではないことを、現代の地質学史は私たちに教えてくれる、と語っている。地質学的な見地に立つと、気候変動が植物の分布や多様性に与えてきた重大な影響は、思いのほか短期間のうちに生じていたことがよくわかる。

　新生代の気候変動はイチョウを衰退に導いた大きな要因となったわけだが、それだけではない。生態上の特性もまた、イチョウの弱点になったはずである。化石記録によれば、イチョウは川岸や湿地帯といった、環境変化を受けやすい場所に長く生息していたようだ。川はときに進路や水かさが変わる。海岸に近い湿地は海面の変化に左右されやすいものだ。イチョウ以外の裸子植物にも同様の生息地を好む種があり、コウヤマキ科のコウヤマキ Sciadopitys verticillata やヒノキ科のスイショウ Glyptostrobus pensilis、同じくヒノキ科のメタセコイア Metasequoia glyptostroboides が挙げられるが、いずれも過去の地質年代において生息数が激減した時期があった。種子の拡散もまた、弱点のひとつだったのではないだろうか。イチョウは雌雄異株の植物で、直径2〜3cmの腐ったバターのような特有の臭いを放つ種子をつける。その媒介手段はほとんど明らかになっていない。興味深い一説では、もともと種子の拡散を担っていた動物が絶滅したことで、イチョウは環境変化に対応できず数を減らしたのではといわれている。これが正しければ、イチョウは気候変動を前にして、生息地を変えるという手段をもたないまま身動きがとれなかったことになる。この説を実証するのは難しいが、大きく重たい種子を長距離にわたって拡散させるのには、鳥やコウモリの食用となるように種子を進化させていた植物のほうが長けていたのは確かだ。ともあれイチョウは、人類にとって魅力的で有用な植物となることで絶滅の淵から復活を遂げた。人類がイチョウを利用し続ける限り、その生存は安泰だろう。私たちはイチョウの新たな同志であり、現代における種子の媒介動物でもあるのだから。

|1|──かつて繁栄した後に数を減らし、特定の環境下でわずかに生存する生物種

29 | 絶滅種かカウリマツか？ 孤独な針葉樹

アガチス・ジュラシカ
Agathis jurassica

　オーストラリア南東部にあるタルブラガーは、ジュラ紀における最も重要な淡水域の化石堆積層のひとつである。その名は、この植物化石が産出したことでさらに知られるようになった。二酸化ケイ素による珪化で白く変色し、黄土色の頁岩に閉じ込められたこの古代植物は、1億5000万年前の湖底で魚や昆虫類と一緒に化石になった。葉の形状だけを頼りに植物の種類を断定するのは容易ではない。発見当初、これはナンヨウスギ科アガチス属 [1] *Agathis* の植物、カウリマツ Kauri pine に関連する枝葉の化石と位置づけられた。カウリマツは約22種の現生種をもつ熱帯性の針葉樹である。一方、今日の専門家の間では、絶滅した化石属のポドザミテス *Podozamites* に同定しようという意見が出されている。針葉樹との関連性が不明確だからだ。

　針葉樹は中生代の植生を代表する植物だが、過去に存在した種群にはまだまだ不明な点が多く、今なお「驚きの新発見」がもたらされる。たとえば「Dawn redwood（夜明けの赤い木）」の英名をもつメタセコイア *Metasequoia glyptostroboides* は、新生代のうちの鮮新世に絶滅したとされていたが、1945年に中国の湖北省で自生する1種が発見されて植物学界の話題をさらった。また1994年には、オーストラリアの首都シドニーからわずか150kmの地点で自生するナンヨウスギ科の新属新種が発見された。タルブラガーの化石と同じく、枝葉の形状が特徴的な樹木だったが、専門家もすぐに種類を特定できなかった。続けて採集された葉や樹皮や球果が決め手となり、この植物は新種と断定されてウォレミマツ *Wollemia nobilis* と名づけられた。ナンヨウスギ科の新種というだけでも大発見だったが、ウォレミマツは、ナンヨウスギ科の現生種であるナンヨウスギ属とアガチス属の特徴を兼ね備えていた。つまり、現生するほかの種群から大昔に派生した古代植物というわけだ。

　ウォレミマツが生息するウォレマイ国立公園は、オーストラリアのニューサウスウェールズ州に位置し、ブルーマウンテンズ北部とローワーハンター地域の雄大な自然に囲まれている。古代の砂岩や玄武岩が風化してできた起伏の激しい地形で、深い谷や峡谷、断崖や滝が至るところにある秘境だ。ウォレミマツはこの地で、ニューサウスウェールズ州の国立公園野生生物保護局（NPWS）に勤めるデビッド・ノーブル氏とその友人2名によって発見された。一行は険しい峡谷をロープで下りる途中、風変わりな樹皮をもち、現代にはない外見をもつ樹木に目をとめた。それは現地で見慣れた木々、コーチウッド *Ceratopetalum* やサッサフラス *Atherosperma*、リリーピリー *Syzygium*、キンティニア *Quintinia* といった高低木をしの

---

[1]——ナギモドキ属とも

時代　後期ジュラ紀
　　　（約１億5000万年前）
大きさ　全長14cm（葉）
産出地　オーストラリア

左ページ：1994年に新種として発見されたウォレミマツ。自生の個体群は絶滅の危機にあるが、近年では園芸用に幅広く植栽されている

ぐ樹高で直立していた。これは前述したメタセコイア以来の大発見だった。自然の雑木林に自生していたウォレミマツは、密生して茂る側枝と、濃褐色で節くれ立った独特の樹皮をもつ。葉をたっぷり茂らせた枝がゆるやかに垂れる姿は、遠目で見ると羽のようだ。種子を包む球花（雌花）は大ぶりな球体で、胞子を含む球花（雄花）はやや小型だが細長く、枝の低い位置につく。わずか3体のみが生き残っていたこの印象的な樹木は、遺伝学的にほぼ同一の種、つまり単一の個体から受精を行わずに自然発生した分枝系のクローンだと判明した。ウォレミマツの自然成木は、その希少性から正確な自生地が厳重に伏せられている。盗掘防止と、外界からほぼ遮断された場所であることから、病原菌の侵入を避けるためでもある。ウォレミマツは山奥にひっそりと根付きながら、現地の森林の大半を占めるユーカリの木々がもたらす乾期の森林火災から守られるように生きている。

　ウォレミマツの地質学的な歴史とその近縁種を知るには、花粉を見るのが一番だ。1965年、新たに発見された花粉粒の化石があった。ざらつきのある特徴的な表層をもつ花粉は、ディルウィニテス Diluynites と名づけられた。発見当初は何の花粉か不明だったが、その謎はウォレミマツの発見によって氷解した。両者の花粉の形状は、極めてよく似ていたのだ。この花粉は、地質記録からウォレミマツの誕生と盛衰を知るささやかな手がかりとなった。ディルウィニテスは広範囲の堆積岩に分布し、9000万年前のオーストラリアの地層から発見されたのを皮切りに、ニュージーランドや南アメリカ、南極大陸からも産出している。およそ3400万年前になるとその隆盛に陰りが生じ、ディルウィニテスの産出量は減り続け、200万年前にはオーストラリアから完全に姿を消してしまった。花粉記録はウォレミマツの長い歴史をたどる一助となったものの、ジュラ紀までさかのぼれた記録は存在しない。冒頭で述べたタルブラガーの植物化石との関連性については、決め手となる類似性は見つかっていない。ウォレミマツともアガチス属とも異なるタルブラガーの化石は、知られざる新たな絶滅種の植物のものかもしれない。

　かつて広範囲にわたって豊富に生息したウォレミマツは、南半球の高緯度地域にある多湿帯の森林に育っていたようだ。絶滅寸前にまで数が減少した背景には、当時の気候変動による乾燥化と、それにともなう自然火災があった。南極氷床が形成され、地殻変動によりオーストラリアが南極大陸から分離して北上したために、気候にも変化が生じたとの仮説があるが、以前よりは不確かなものになっている。現存するアガチス属の2種の植物もウォレミマツと同様の花粉をもっていたのだ。どうやらウォレミマツの、すなわちディルウィニテスの花粉分布には、長きにわたるさらに壮大な物語が隠されているようだ。タルブラガーの化石と同様、花粉の化石が必ずしも特定の植物種群の存在に結びつくわけではない。

　現代のウォレミマツが存続の危機に瀕していることに変わりはなく、自然木は手厚く保護されている。近年では絶滅が危惧される植物種を植栽する保護活動も功を奏しつつあり、幸い世界各地に植えられたウォレミマツの数は、針葉樹の希少種のなかではひときわ多い。

30 | 大量絶滅を耐え抜いた植物たち

モナンテシア・サビヤナ
Monanthesia saxbyana

　この岩石に刻まれたユニークな模様は、低木の幹の表面だ。ケイ酸質に変化していたため、フッ化水素酸で不要物を取り除くと、規則正しく並んだ三角形の濃い色のくぼみが現れた。かつて葉柄がここから伸びていた跡である。三角形のくぼみの両側には、少々いびつな切り子模様のように刻まれた丸形や渦巻き型が見える。これは植物の幹についていた生殖器官だ。胞子を含む鱗片が輪状に集まり、花のような集合体をつくっていた。中心部には無数の胚珠か種子が並び、その先端だけが鱗片の隙間から見えていたと考えられる。この独特の生殖器官をもつ植物は、すでに絶滅した中生代の裸子植物、ベネチテス目[1]モナンテシア属 *Monanthesia* のものだ。外観は現代のソテツ類に似ているが、異なる系統に属している。ベネチテス類は、植物進化の表舞台から消えていった種群のひとつだ。白亜紀の終わりには絶滅し、その樹木は人類が最も早いうちに接した植物化石に数えられている。ベネチテス類の化石は、4000年前のイタリア半島に栄えた都市国家エトルリアの墓地からも発掘されている。おそらく左右対称に刻まれた幹の模様が、死者への愛の証とみなされて置かれたのだろう。

　絶滅は、あらゆる生物にとって避けては通れない宿命だ。厳密な数値を出すのは難しいが、近年試算された自然発生的な絶滅率によれば、生物は毎年1,000万種につき1種の割合で絶滅している。地球上では、過去5億4000万年の間に大規模な絶滅が5回起きている。多数の生物種や、ときには生態系で主要な規模を占める種群までもが、地質年代上では比較的短期間といえるうちに姿を消し、地球上の生命の様相が変化してきた。このような大量絶滅は、生物進化の変遷として主要な地質年代に刻まれてきたが、過去5回のうち4回は、決して偶然に起きたできごとではない。最もよく知られた大量絶滅といえば、約6600万年前の白亜紀と古第三紀の間に生じた、非鳥類型恐竜を消滅させたものだろう。一方で、生物種が最大規模で消えた大量絶滅は、約2億5200万年前のペルム紀から三畳紀にかけた時期に生じた。このときはおもだった生物の種群があらかた姿を消し、海洋の生態系が完全に入れ替わった。大量絶滅はなんらかの大規模な環境変化にともなって、地球時間に換算すればごく短い期間で生じた。直接的な原因を巡っては議論が交わされてきたが、複数の要素が関連しているのだろう。前述したペルム紀から三畳紀にかけての大量絶滅の場合は、それより以前のおよそ5億4000万年前から続いていた大規模な火山活動によるものともいわれている。当時流出した大量の溶岩が、地質学上ではごく短期間にあたる約

時代 前期白亜紀
（約1億4500万〜1億年前）
大きさ 視野幅12cm
産出地 英国

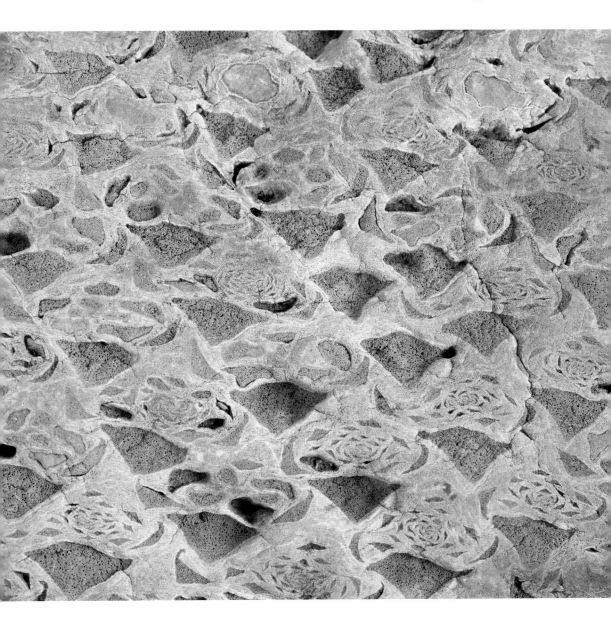

200万年にわたって、現在のシベリア一帯に700万km²規模で堆積している。白亜紀から古第三紀にかけての大量絶滅は、小惑星の衝突が引き金となった。その衝突痕は、メキシコのユカタン半島に巨大な「チクシュルーブ・クレーター」として残されている。

　地質学者らは当初、こうした大規模絶滅はおもに海洋生物の貝類を滅ぼしたと考えていた。化石でも多様かつ大量に産出する生物だ。だが、もちろん植物も絶滅と無縁ではなかった。ただし、植物がもつ生態系やライフサイクルの様相は、動物のものとは根本的に異なっていた。植物と動物では、環境的な混乱を前にした際の反応が違ってくるのはおおかた想像がつくだろう。大半の植物は、動物よりも耐久性が高い。損傷しても再び成長し、土壌のなかで生き抜く種子や胞子をもち、また優秀な拡散能力を備えた植物も多い。植物は一次生産者でもあるため、植物の生態系が変わると、それに頼って生きる動物の生活環境にも影響が及ぶ。研究によれば、大量絶滅により植物がこうむる影響は、全地球規模というよりは特定の地域範囲に限定して生じていたようだ。絶滅で姿を消した植物種も当然いたが、動物のように高い階層分類の集団がごっそり消滅するような例は少なかった。そもそも植物は、大量絶滅のほかにも生態系の激変を何度もくぐり抜けてきた。石炭紀の後期には、植生ががらりと一変するできごとがあった。気候変動が原因と見られるが、動物相には大きな影響は見られない。絶滅による影響は、植物の種群によっても異なる。大型で生態系の主流を占める種のほうが、小型の草本植物より被害は甚大だ。また虫による花粉媒介を行う種は、風媒の植物よりもリスクが高い。それでも動物に比べれば、生態系を構成する「生命の樹」の枝が丸ごと抜け落ちるような事態は極めてまれだ。おそらく、植物の科や属といった系統の広がりが、動物よりもいっそう多様だからだろう。ただし、大量絶滅を経た植物の生態系が回復する速度は遅く、数百万年もかかる。それでも、動物とは対照的に、大量絶滅は植物の進化の方向性を決定づけるものではなかった。

　ベネチテス類をはじめとした裸子植物は、中生代の終盤にはすでに衰退しつつあり、白亜紀から古第三紀の大量絶滅が起こる前には世界各地で姿を消していた。その前後に登場し、急速な勢いで進化していた被子植物に取って代わられたのだ。だが、南半球の高緯度地域にある限られた一帯では、ベネチテス類や現在では絶滅したシダ種子類が、古第三紀に入っても生き延びていた痕跡が残っている。これも、植物が大量絶滅を耐え抜く力をもっていたという大いなる証だ。そして過去に生じた絶滅の影響を把握することは、現代の私たちにとっても有益だ。人類がもたらす環境変化の規模とインパクトを、より深く知ることができるからだ。

31

地球５億年の
歴史を伝える植物化石

パジオフィルム・ペレグリン
Pagiophyllum peregrinum

　植物とその葉は、育つ環境と密接な均衡を保っている。厚みのあるダイヤ型の葉がうろこ状に集まった、この小枝を見てみよう。葉は水をはじくロウ質を含んだ脂質ポリマーの厚い被膜で覆われている。顕微鏡で葉の表面を観察すると、二酸化炭素や水などを大気と交換するための小さな穴が溝に沈んでおり、さらにそれらは突起毛で部分的に隠されていることがわかった。いずれも乾燥した環境下で水分の消失を防ぐための構造だ。根付いた環境に適応するために進化した植物は、生息地の状況を語る痕跡を化石に残す。ほかの生物の化石や地質記録とも照らし合わせることで、植物化石は当時の気候を知る重要な糸口となり、地球全体の植物分布に気候が及ぼした影響を知る手がかりにもなる。

　現代の地上では、植生は南北の極から赤道にかけて徐々に種類が豊富になり、湿潤な熱帯域でピークとなる。この明快な分布パターンは「生物多様性の緯度勾配」と呼ばれ、植物のみならずほとんどの陸上生物にも当てはまる。生物の多様性と緯度勾配が関連する理由は長らく議論されてきたが、いまだに確証は得られていない。しかも今では常識となっているこの現象も、過去から不変だったわけではない。地質記録に散らばった植物の多様性を調べるには、まず世界各地の化石記録に残された植生を比較対照する方法がある。さらに、石炭と蒸発岩の分布を加えると、気候と緯度に関連した過去の植物多様性を再現することができる。前者は降雨量が多く、水浸しになる環境を、後者は乾燥環境を示すのだ。この方法でジュラ紀の状況を見ると、地上で植物が最も豊富かつ多様に育つ地域は、中緯度帯であることがわかる。ジュラ紀にはうっそうとした森林が広がっていた地域だ。その主たる植物群は針葉樹で、低木層にはシダ植物やソテツ類、トクサ類などが茂っていた。今では絶滅したシダ種子類や、ベネチテス類などの裸子植物も大いに栄えていた。また現在とは対照的に、南北の極は多くの植物に覆われ、落葉性の大きな葉をもつ針葉樹やイチョウなどが育っていた。一方、低緯度帯では植生が大幅に減り、より乾燥した気候下に木々の点在する大地が広がっていた。そのような地域に育つのは、この標本の植物パジオフィルム *Pagiophyllum* のように、水が乏しい環境に適応した小さな葉をもつ植物が多かった。

　現在見られる生物多様性の緯度勾配は、過去250万年以上にわたって地球上の降雨量と気温のパターンを形成してきた氷期サイクルの変遷を反映したものとされている。過去５億年の地球の歴史上、今よりも温暖な気候が続いていた時期の中緯度帯では、植物の生産力と多様性はより増していった。その傾向は陸上動物でも同じで、植物が栄えるところへ、動物も例外なく続いていった。

時代 ／ 前期ジュラ紀
　　　（約 2 億～1 億 7000 万年前）
大きさ　全長 7 cm（枝）
産出地　英国

32 気候の変動を表す果実のアソート

化石化した果実群
fossil fruits

　金属のような光沢を放つ、小型の果実や種子。これは硫化鉄の鉱物である黄鉄鉱による
ものだ。黄鉄鉱は「愚者の黄金」と呼ばれる鉱物で、一見、金に似ているが、金とは異なる。
産出地はイングランド南東部、首都ロンドンを含む広範囲に発達したロンドン粘土層だ。
もともとは海岸沿いの森林に育っていた植物の果実や種子で、海流にのって浅海に運ばれ、
海底の泥に沈んだのだろう。無酸素環境のなかで、有機物から硫酸塩を還元する微生物の
働きでやがて植物組織が侵食され、細胞や空洞部を満たした反応液から黄鉄鉱が生成され
た。ロンドン粘土層に埋没した果実や種子の化石は過去300年以上にわたって採集され、
350種を超える名前がつけられた。ともに英国の女性古植物学者であるエレノア・リード
とマージョリー・チャンドラーが1933年に発表した共同論文では、これらの植物化石
100種以上について言及されている。その詳細な記述ぶりは現生植物との比較にも生かさ
れ、論文に登場した植物はすべて絶滅種だったにもかかわらず、その多くは現生の植物の
属や科といった分類に当てはめることができた。目を見張るのは、ロンドン粘土層の植物
化石に最も近い近縁種が、今日の東南アジアの熱帯雨林に育つ植物群だったということだ。
　始新世の初期にあたる5600万年前から4800万年前は、その前後にまたがる新生代のど
の時代よりも地球の気候が温暖だったといわれる。化石記録によれば、英国南部には亜熱
帯降雨林が広がり、年間平均気温は現代に比べて10℃前後も高かった。そしてロンドン粘
土層が溜まった盆地の緯度は現在より10°ほど南に下がっていた。この事実が示す意味は大
きい。海岸沿いにはマングローブの湿地が広がり、内陸部は高低木やつる植物が密生する森
林で、川辺と海岸線はカメやワニの生息地だった。北方の高緯度地域には温暖な気候に向
いた植生が広がり、当時、北大西洋とベーリング海峡をまたぐ陸橋でつながっていたヨーロ
ッパとアメリカ大陸、アジアに見られた気候の影響を受けやすい植物が混在していた。北半
球全体に分布したこの植物相は、熱帯と温帯の植物が混じり合う珍しいもので、その構成
は広範囲にわたって驚くほど似通っていた。現在のユーラシア大陸と北アメリカに見られ
る植物相の大部分は、この年代のものが起源となっている。いずれの大陸も、その後に生じ
た地理上かつ気候上の大規模な変化に影響を受け、それぞれ固有の特性をもつようになっ
た。大陸移動にともなう北大西洋の拡大によってヨーロッパと北アメリカは分離し、逆にヨ
ーロッパとアジアを分断していたツルガイ海峡が閉じたことで、両地域の生物種は双方へ
盛んに移動するようになった。やがて、中期始新世以降、地球の気候は長期的な寒冷化に
向かい、ベーリング海峡を越える植物種は減少していった。その結果、熱帯性の植物種の
分布は現在の規模に縮小され、代わりに今日よく知られる温帯の植物相が拡大していった。

時代 始新世
　　　（約5600万～3700万年前）
大きさ 最大全長2cm
産出地 英国

33 酷寒期がもたらした落葉性

アケル・トリロバトム

Acer trilobatum

　毎年秋ともなれば、北方の温帯林にある高木や低木はみごとに色づく。やがて紅葉した葉がすっかり落ちると、木々は冬の休眠期を迎える。樹上に茂っていた葉が地面を埋め尽くし、丸裸になった枝は冬の厳しい寒風にさらされ、温帯林の様相は移り変わっていく。このカエデの葉も約1300万年前、ほかの葉と同様に風に吹かれて浅い火口湖の水面に舞い降りた。茶色の色相に濃淡があるのは、葉が本来もつ色素沈着の度合いの差によるもので、この色素が秋の紅葉をもたらしている。同じ火口湖の跡から採取された葉のなかには、虫が残した虫こぶや、夏の終わりから秋にかけてのカエデに多く見られる菌類の感染によるまだら模様がついたものもある。樹木の落葉性は、このような北方広葉樹林の木々が零下の気温に適応して得た、特徴的な性質だ。ほかにも、乾期の影響によって木々が落葉性に進化する場合もあり、とりわけ熱帯乾燥林の樹木がそうだ。落葉性は植物に生じた多くの収斂進化の一例でもある。

　地質学的な視点に立てば、花をつける多くの高低木が落葉性を獲得したのはごく最近のことだ。おそらくは中新世の後半、現代にも見られる冷温帯林が形成されてきた時期にあたる[1]。4500万年以上前から全世界的に続いていた地球の寒冷化は、このカエデの木が生えていたような中緯度森林のある地帯に、気温が零下となる季節をもたらした。気温が氷点下になると、樹木内の水の通路に気泡が生じ、水分の流れが阻害されてしまう「エンボリズム」という現象が起こる。この現象は、太い道管をもつ樹木、つまり大多数の被子植物に生じやすい。温暖で年間を通じて雨量が豊富な環境であれば、被子植物は大きな樹冠の枝葉のすみずみまで水分を届けられるのだが。植物は落葉という手段をとることで、葉という資源を切り離して手放す代わりに、寒冷期に水分輸送を止めるのだ。植物が寒冷期を生き抜く第二の手段は、細い径の道管をもつことで樹木内を巡る水分量を減らし、水分輸送の安全性を高める方法だ。樹木は落葉せずに常緑の状態を保てるが、植物が生い茂るのに適した夏期でも成長の度合いが遅くなる。第三の手段は、成長の形態を変えて草本植物となり、越冬の際には地上の茎や葉を手放して、種子もしくは地下に眠る根などの貯蔵器官となる方法だ。現代では、草本植物や落葉樹、細い道管を備えた常緑樹の分布は、南北の極に近づくにつれて増えていく。何千年にもわたる気候の寒冷化に合わせて、多くの広葉樹は着々と、落葉性という進化を成し遂げていったのだ。

---

[1]── 落葉性の獲得はより早かったという見解もある

時代　中新世
　　　（約1300万年前）
大きさ　幅9cm（葉）
産出地　ドイツ

34 | 南極大陸を経由した花たち

ノトファグス・ベアードモレンシス
Nothofagus beardmorensis

　地球上で生物の暮らしに最も不向きな大陸といえば、南極大陸だろう。だが、極寒の気候と厚さ4,000mに達する氷床に覆われた大地の岩石からも、植物化石が多く産出している。この葉の化石群は、南極点からおよそ500kmにわたって伸びる南極横断山脈で採取された。南半球の秋に落葉し、氷河湖の一面を埋め尽くしたうちの1枚だ。近くには節くれ立った枝も散在し、薄茶色の枝はナイフで簡単に切断できるほど柔らかい。この葉は、絶滅したナンキョクブナ類のノトファグス・ベアードモレンシス *Nothofagus beardmorensis* のものだ。枝の断面に刻まれた年輪は極端に小さく、樹木が成長できる期間の短さを物語っている。当時の南極大陸でも、植物の成長に適していたのは初夏の雪解けから秋に霜が降り始めるまでの6〜12週間ほどだった。ほとんどの枝が直径1cm以上に育たなかったが、一方で年輪を観察すると、樹齢60年を超える樹木も存在した。南極大陸に育っていた樹木は「矮樹」と呼ばれる丈の低い木々で、枝ぶりも小さく、地面に張りつくように生えて凍てつく寒風に耐えていた。その姿は、北極圏に現生するホッキョクヤナギを思わせる。ツンドラに該当するこのような植生は、南極大陸に生じてきた植物相のなかではごく新しいものだ。

　約8500万年前には現在とほぼ同位置にあった南極大陸だが、当時、その大半は亜熱帯気候に覆われていた。夏の平均気温は20℃で、湿度も雨量も多かった。冬は長期にわたり日照時間が少なく薄暗かったものの、氷点下の気温になることは少なかっただろう。大地には被子植物の低木や草本類が茂り、針葉樹やイチョウがそびえ立っていた。植物の多くは、今日の南アメリカやニュージーランド、南極海の諸島で見られるものだ。やがて4500万年前になると、気候は寒冷化し、南極大陸の氷河の形成が始まった。温暖な気候を好む植物は徐々に姿を消し、耐寒性の強い種が残った。植物の多様性は乏しくなったが、大陸のほとんどが厚い氷に覆われてもなお、植物は辛抱強く生き延びていた。南極大陸の森林は、セン類を主とした種類に乏しいツンドラ地帯の植物相に置き換わっていったが、低木状のナンキョクブナや針葉樹や、イネ科やカヤツリグサ科をはじめとする複数の草本類も含まれていた。だが氷床が拡大し、内陸部の寒冷化と乾燥化がますます進むと、このわずかな植生も絶滅し始め、南極大陸は極砂漠[1]と化した。現在の南極大陸に自生する被子植物はわずか2種類に過ぎず、いずれも過去1万年以内に外部から移動してきた植物種だ。

　この植物化石の年代はいまだ不明で、特定には至っていない。専門家の間でも、1700万年前の化石とする意見もあれば、380万年以内という説もある。南極大陸の植物相がいつ絶滅に向かったのか、まだなんとも言えない状況だ。化石を含んでいた岩石の形成時期がより詳しく判明できれば、解明に一歩近づくだろう。

時代　新第三紀
　　　（約2300万〜260万年前）
大きさ　幅3cm（葉）
産出地　南極大陸

|1|── 年間降雨量が200mm未満の地域は一般的に砂漠と定義され、南極も該当する

35 | サハラ砂漠に緑があふれていた頃

フィクス
Ficus

　これは、湧水に浸水して化石化した植物だ。葉を覆う白く粉を吹いたような塊は、湧水に多量に含まれていた炭酸カルシウムで、湯水が湧出する際に地面や岩肌に付着して「石灰華<ruby>（かいか）</ruby>」と呼ばれる沈殿物になる。エジプトの西方砂漠では点在する石灰華がたくさん見られる。そこはアフリカ大陸に広がるサハラ砂漠の一部で、極度に乾燥し、地表の水資源をもたない場所である。一帯には荒涼たる砂丘や岩石が広がり、灼熱の暑さがわずかでも和らぐのは、砂混じりの強風が容赦なく吹きつけるときだけだ。人間が住むには不向きだが、オアシス群の周囲だけは例外だ。西方砂漠のオアシス群のなかで、最も南に位置するのがハルガ・オアシスだ。そこでは、過去に石灰華の沈殿物を形成してきた帯水層の地下水が唯一の水資源となって、人びとの農耕や生活を支えてきた。地下深くに溜まった水が押し上げられて、地表に湧き出しているのだ。石灰華の沈殿物に含まれる動植物の化石群を調べれば、地表が豊富な地下水で満たされていた年代を特定できる。帯水層から湧いた地下水はときに滝となり、沼地や泉や小川を形成した。帯水層の豊かな水源は地中に溜まった雨水で、砂漠に緑を茂らせてきた。標本の石灰岩に覆われた葉はイチジク属 *Ficus* の一種で、今日の「サブサハラ・アフリカ」と呼ばれるサハラ以南の地域で広く自生する低木類だ。

　北アフリカの植生に大きな影響を与えていたのは、広範囲に吹く強い季節風、西アフリカモンスーンだ。現代ではサブサハラ・アフリカ地域に生じるモンスーンだが、過去にはエジプトを含む北方まで広がり、サハラ砂漠に多雨と植物の緑をもたらした。ごく最近では、1万1000～6000年前に西アフリカモンスーン地帯の移動が生じ、サハラ砂漠の大半は草木を交えたサバンナとなり、人類の居住も進んだ。この化石は11万5000年以上前に石灰華に閉じ込められたもので、まだ水が潤沢にあった緑のサハラの存在を示している。同じ一帯には、人類の祖先が広く定住していた証拠も多数ある。サハラ砂漠の緑化現象は800万年前からたびたび生じてきたと考えられている。乾燥期が長く続く時期には、サハラ砂漠はアフリカ大陸とユーラシア大陸の動植物相を分断する越えがたき不毛地帯だったが、緑化の時期には移動が可能となった。とりわけ、現生人類がアフリカ大陸から出る経路を得て世界各地へ分散したことは、この時期に生じた重要な移動だ。こうした変化は、おもに地軸の傾きと自転の軌道のゆるやかな変化によるものだ。地軸の傾きが変われば、世界各地の日射量も変化する。ただし、その結果生じる影響の大きさは、さまざまな要因によって増減する。その一例が、植物の存在だ。地表から反射する日射量が減少すると、植物は樹冠に水をたくわえて土壌の水分量を上昇させ、結果、雨量を増やすという正のフィードバックを生む。植物はほかの存在に頼らず、自身の生育環境を変えていけるのだ。

時代 後期更新世
（約11万5000年前）
大きさ 幅23cm
産出地 エジプト

36 | 大陸移動説の体現者

グロッソプテリス
Glossopteris

　槍先のような形をしたこの化石は、インドやアフリカをはじめ、南アメリカ、オーストラリアから南極大陸に至るまでのペルム紀の地層で頻出する植物の葉化石だ。これは、古代の超大陸・ゴンドワナ大陸の初期形態を証明する手がかりとなる。葉は見分けがつきやすい独特の形状で、表面には太い主脈が走り、細い葉脈が網目状に伸びている。これはグロッソプテリス属 *Glossopteris* と名づけられた種をつける木本植物で、裸子植物の仲間だ。多くの種は落葉樹で、ゴンドワナ大陸の中緯度から高緯度地域で産出する化石に多く含まれ、その一帯を優占していたと考えられる。このように葉がたくさん見つかるのは、落葉樹だったからであろう。おもに沼沢地に育っていたグロッソプテリスの化石群は、インドや南半球各地のペルム紀層において、人類の経済を支えてきた石炭を形成する主要原料となっている。

　現在の南半球に位置する陸塊だったゴンドワナ大陸の存在は、19世紀後半には指摘されていた。南半球の各地に残された化石群の植物相が互いに酷似していたためだ。当時の地質学では、互いに隣接していた大陸はそれぞれ動かずに固定された状態で、近縁の植物種は大陸間を連結していた陸橋を通じて拡散したと考えられていた。ところが1912年、これを覆す新説がドイツの気象学者アルフレッド・ウェゲナーによって提唱された。大陸は長い年月をかけて少しずつ移動しており、かつて大きな陸塊としてまとまっていたものが分裂したとする「大陸移動説」だ。この説を裏づける要素は複数存在していた——南半球にある大陸の輪郭がそれぞれ一致すること、海を挟んだ大陸のつなぎ目で地質構造が連続していること、大陸をまたいで動植物の化石群が類似していること——。しかし、当時は地殻を動かすほどの力が生じるメカニズムが立証されていなかったため、ウェゲナーの新説は多くの議論を呼んだ。1960年代に入り、地殻活動の構造やプロセスが次々と解明されると、大陸移動説はようやく広く受け入れられるようになった。その後、「プレートテクトニクス」として体系化された理論である。

　ゴンドワナ大陸は、およそ1億8000万年前のジュラ紀前期に分裂し始め、白亜紀にかけて現在の大陸にほぼ近い形状と位置になったと考えられている。大陸移動説は、異なる大陸間の植生分布を説明するうえでも重要な根拠となっているものの、そこには複雑な要因が重なっていたはずだ。ゴンドワナ大陸の分離と移動に続いて生じたのが、植物の長距離にわたる拡散と大規模な気候変動だ。また、南極大陸の存在も無視できない。南極大陸は今日の私たちが知る、氷に覆われた極砂漠とは異なっていたのだ。今よりも温暖な気候に覆われ、海に隔てられる前の大陸どうしをつないでいた南極大陸は、多くの植物種の生息地であると同時に、植物が拡散する陸路となったのである。

時代　　後期ペルム紀
　　　　（約2億6000万〜2億5000万年前）
大きさ　全長60cm
産出地　インド

太古の大気組成のバロメーター

ギンゴウ・ハットニイの気孔
Ginkgo huttonii stomata

　植物の葉の表面に広がる気孔は、植物が大気と気体や水蒸気を交換するための小さな穴だ。唇に似た形で、開閉する弁の役割を果たす動きは、2本のソーセージのように並んだ細胞が制御している。この化石は、1億7000万年以上前の葉片を覆う表皮細胞だ。よく見ると、無数に点在する気孔と微細な毛のような組織が確認できる。細胞群はクチクラ層から透けて見えている状態だ。クチクラ層は植物を保護する膜で、不浸透性の脂質ポリマーとロウ質で葉の表面を覆っている。腐食に強い性質のため、ほかの細胞組織が消滅した後でも化石に残留することがある。植物の表皮がもつ特徴は、化石を同定する際の手引きになるが、その植物が育った当時の環境を知る糸口にもなり得る。大気中に含まれる二酸化炭素の量によって、葉に並ぶ気孔の数が変化する植物種があるからだ。植物は二酸化炭素を取り込んで光合成を行うが、二酸化炭素が豊富な環境下では気孔の数を減らして調整する。つまり、葉に現れる気孔の密集度は、時代による大気中の二酸化炭素量の推移を追うバロメーターとなるわけだ。

　気孔のこうした特性は、現生種の植物を用いた自然実験でまず明らかになった。ちなみに、地球の大気中に含まれる二酸化炭素量は、産業革命前に比べると40%近くまで増加している。これは、南極大陸やグリーンランドの氷に閉じ込められた気泡を計測して得られた数値だ。そして1987年には、植物生態学者のイアン・ウッドワードがある研究を行った。過去200年間の英国各地で、時代の間隔をあけて採集された7種の高木と1種の低木の葉に残された気孔を調べたのだ。すると予測どおり、産業革命以降に大気中の二酸化炭素量が徐々に増えるにつれて、いずれの植物も気孔の数を減らしていたことが判明した。植物化石の気孔は、地球環境を左右する二酸化炭素量が過去にどう変化したかを推測する情報源として役立てられている。氷の記録が現存しない太古の時代の空白を埋める手がかりになるのだ。なお、近年の研究によれば、すべての植物種の気孔が二酸化炭素量に対して同様の、もしくは同程度の反応をするわけではない。そのなかでイチョウ *Ginkgo* の気孔は一定の反応を見せるため、イチョウ類の葉の化石は、過去数億年にわたる大気の変化を調べる際に広く用いられてきた。

　大気中の二酸化炭素量と気候変動との因果関係は、早急な解明が待たれる重要課題であり、現代の私たちにも大いに関わる問題だ。植物の気孔がもつ特性のおかげで、過去の環境変化の規模を把握し、地球史上に生じてきた自然現象に対する大気の反応を調査できるようになった。こうした知見は、近年の二酸化炭素量の増加が気候にもたらす影響を科学的に予測するうえで、大きな支えになるはずだ。

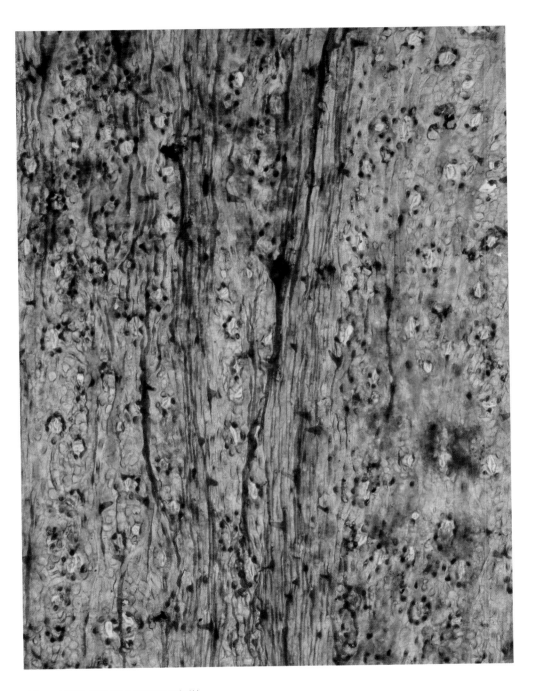

時代 中期ジュラ紀（約1億7000万年前）

大きさ 視野幅1mm

産出地 英国

38 | 寒冷化を招いた水生シダ類の大繁殖

アゾラ
Azolla

　陸生から水生に進化した植物は、ときに劇的な変化を遂げた。この平らな岩石に残されているのは、5000万年以上前の湖水を覆ったシダ植物のマットの一部分で、やがて湖底の堆積物に埋もれて化石化したものだ。一般的なシダ植物とは異なり、うろこ状の浮葉と髪の毛のように細く垂れた根をもつ小型の水生シダだ。一つひとつは指先にのるほどの小ささで水から葉を出しているが、大量に集まると緑色のじゅうたんのように水面をびっしりと埋め尽くす。現生の近縁種は浮葉性の水生シダ類アゾラ属 *Azolla*（和名アカウキクサ属）に属し、別名「Mosquito fern（蚊のシダ）」とも呼ばれる。池や沼などの静水で急速に成長して広がり、水辺での蚊の産卵や幼虫であるボウフラの成長を妨げることからついた呼び名だ。アゾラ類にはもうひとつ、農業で役立つ特技がある。空気中の窒素を固定するバクテリアと共生しているため、植物の成長に必要な硝酸塩が少ない水の環境でも、アゾラ類があれば農作物がよく育つのだ。このため、東南アジアや東アジアの水田では「緑肥」として利用されている。人類にも有益な共生関係をもたらすアゾラ類だが、この化石が形成された当時、この小さな水生シダが地球環境に計り知れない影響を与えたのである。

　中期始新世、地球の気候はかなり温暖で、南北極には氷床が存在しなかった。当時の大陸の地形によって、北極海は世界のおもな海洋からほぼ隔絶され、独特の生態系が発達する環境にあった。地質調査で北極海に残る堆積物のボーリングコアを採取すると、尋常ではない量のアゾラ類の胞子が含まれているのが観察できる。現生のアゾラ類は塩水ではほとんど育たないので、始新世の北極海は淡水化していたと考えられる。おそらく当時の北極海は、川から雨水が流れ込み、表層海水だけが淡水になったのだろう。こうした特異な環境下でアゾラ類は大繁殖し、季節ごとに北極海の一面を覆い尽くすほど広がった。この稀有な自然現象が地球環境に与えたインパクトは強大だった。始新世の北極海の面積はおよそ400万km²、現代の欧州連合（EU）の総面積にほぼ等しい広さだ。アゾラ類の大繁殖に適した環境は、少なくとも80万年にわたって続いたと考えられている。アゾラ類の死骸は水流のない海底に沈み、堆積物の一部として沈殿していった。始新世の大気中にあった二酸化炭素は、大量のアゾラ類に吸収されたのち、海底の沈殿物に固着されて今日に至っている。アゾラ類の大繁殖の規模については諸説あるものの、この年代に大気中の二酸化炭素量が大きく減少したために、その後の地球で気候の寒冷化が生じたと考えられている。北極海のボーリングコアからアゾラ類の胞子が消滅して間もなく、真逆に位置する南極大陸で最初の氷河が生じた形跡が残されている。

時代　始新世
　　　（約5000万年前）
大きさ　幅5cm
産出地　カナダ

39

イネの仲間が伝える
サバンナと草原の変遷

イネ科植物のフィトリス群
grass phytoliths

イネ科植物の葉の縁は、刃先のように鋭い。これは葉の組織内に、「フィトリス（phytoliths）」と呼ばれる硬質な成分がたっぷり含まれているためだ。ギリシャ語で「植物の石」を意味するフィトリスは、おもに二酸化ケイ素からなる。透過性のオパールは硬く、形状や大きさはじつにさまざまだ。水に溶けた二酸化ケイ素が植物の根から吸収され、おもに表皮部分の細胞や組織内に沈殿して形成される物質である。フィトリスの役割についてはさまざまな仮説があるが、多くの植物種の葉や茎を丈夫にしているのは間違いなく、その硬い性質で植物を植食性動物からできる限り遠ざけてきた。植物本体が枯死して分解されてもフィトリスはそのまま残り、土壌に埋もれるか、川や湖に流されていく。それは化石土壌や堆積岩に保存され、イネ科植物が優占した生態系の変遷を現代に伝えている。

イネ科植物が多くを占める開けた大地、温帯の草原や熱帯のサバンナは、地表の40％以上を覆っている。地質年代から見れば、草原が出現したのは比較的最近だが、そこから生じた影響は多岐にわたる。なにしろ人類も、アフリカのサバンナから進化して世界に拡散していったのだ。およそ半数のイネ科植物は、光合成においてより進化した「C_4型」と呼ばれる特性をもつ。ほかの多くの植物がもつ光合成の特性は「C_3型」だ。C_4型の光合成は、いわば従来型のC_3型の光合成を改造したもので、大気中の二酸化炭素からより効率的に炭素を固定することで生産効率を向上させている。これによってC_4型の植物は、乾燥や高温、貧窒素土壌といった環境下でも有利に繁殖できるようになった。実際、C_4型の植物がおもに熱帯や亜熱帯に育つ一方、C_3型の植物の多くはより涼しい気候に自生している。広大な草原が生態系上で重要性を増すよりずっと前から、開けた大地ではC_4型のイネ科植物が勢いを増していた。これは化石化したフィトリスからも判明している。一方、草原はおよそ2500万年前から拡大し始めていたが、その速度は大陸によって異なり、年代によるC_3型とC_4型の植物の優勢ぶりも違っていた。また、林冠の閉じた森林が草原の入り混じった生態系に変化するには、環境的な要因による後押しが必要だった。なかでも重要なのは、樹木が成長しにくい状況であることだ。気候が乾燥化して季節の変化が生じると、樹木が成長しにくい状況になり、自然火災の発生率の変化や、植食性動物による摂食と同等の影響を植物にもたらした。見渡す限りの大草原が出現したのは中新世後期から鮮新世の頃で、新たに大型の有蹄類の動物が群れをなした。ウマ類やサイ類、インパラやガゼルといったウシ科の偶蹄類、ゾウ類などの祖先にあたる動物で、新しい食料源と開けた生息地に適応し、進化していった。かくいう人類も、草原やサバンナに暮らした生物だ。そして現代では、人類による農地利用や都市の拡大により、草原の生態系は今までになく脅かされている。

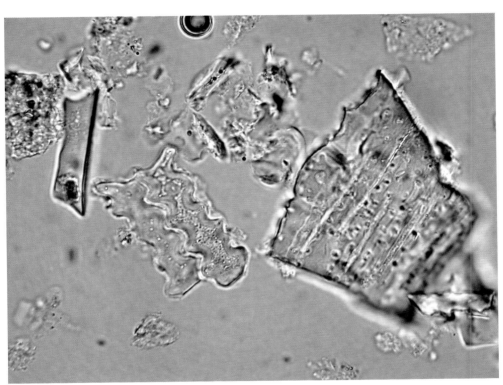

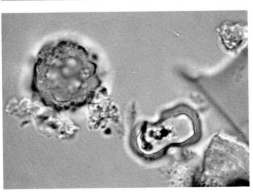

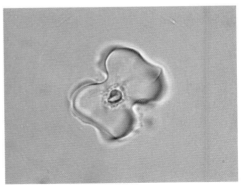

時代 中新世（約2300万〜530万年前）
大きさ 20μm以下
産出地 米国

40

針葉樹の森が示す過去と未来

ピセア・バンクシー
Picea banksii

　昨日トウヒの木から落ちたのか、と思うほどきれいに原形をとどめている球果（松かさ）だが、これは300万年以上前の化石だ。見た目は木質だが大変もろく、握れば手のなかで砕けてしまいそうだ。産出地はカナダ北極圏のバンクス島、北部の海岸に位置する泥炭層である。この地層に残されていたほかの化石群と同様、通常なら地中深くで生じる圧縮作用の影響が見られない。表面を覆う鱗片は開き、いくつかが剥がれ落ちているので、球果が地面に落ちる前に鱗片についた種子が飛散したのだろう。バンクス島の地層で植物化石を最初に収集したのは、1851年に北極圏へ遠征したマクルアー北極探検隊だった。長年待望されていたヨーロッパとアジアを短距離で結ぶ北西航路を発見すべく、一行は調査船「HMSインベスティゲーター」に乗り込んでいた。海岸で食料用の野ウサギやライチョウを探していた際、隊員のひとりが、地表にのぞく樹木の化石を発見した。地を這うようにして生えるホッキョクヤナギよりも背の高い植物など見当たらない島のツンドラ地帯で、周囲の風景にまったくそぐわない樹木化石が発見されたのは、注目に値することだった。探検隊はその後3年間にわたって過酷な探索を続けたが、ついには海氷で身動きがとれなくなった船を放棄し、氷原を徒歩でさまよった。その後、別の船「HMSレゾルート」に救助されると、航路と氷上のそり移動で念願の北西航路を制覇し、1854年に英国へ帰還した。一行が持ち帰った化石は、のちにスイス人の地質学者オズヴァルト・ヘールが1868〜1883年の間に刊行した全7巻の『Flora Fossilis Arctica（北極圏の植物化石）』で紹介された。北極の植物相の進化過程について地質年代を通じて論じたもので、このようなテーマを総合的に取り上げた著作はそれまで存在しなかった。

　バンクス島にあるボーフォート層は、島の北西部沿岸の切り立った峡谷に露出した、鮮新世の地層である。砂、泥、礫（小石）が水平にゆるく堆積した層には、材をはじめとした植物化石が数多く含まれている。植物相を優占していたのはマツ科の大きな針葉樹で、トウヒ類やマツ類、ツガ類、カラマツ類などが含まれていた。小ぶりな広葉の高木類や低木類はカバノキ類やハシバミ類で、草本植物では特にナデシコ属やキク科が多かった。甲虫をはじめとした昆虫類も豊富だった。高緯度地域に広がるこの森林は多くのほ乳類の生息地でもあり、現生のげっ歯類やウサギ、アメリカグマ、アナグマ、ビーバーなどの近縁種が暮らしていた。こうした化石記録は、現在では荒涼としたバンクス島の沿岸が、ほんの300万年前までは豊かな北方林、もしくはタイガ（針葉樹林）だったことを示している。

　亜寒帯（冷帯）の針葉樹林を指すタイガは、現代では北半球の広域を覆い、その規模は地球上の森林の3分の1に及ぶともいわれている。広大な面積に反して、タイガの生物群系

時代 後期鮮新世
（約300万年前）
大きさ 全長6cm
産出地 カナダ

第 6 章　気候と多様性 ｜ Climate and Diversity

（バイオーム）はおそらく地上の主たる森林のなかで最も新しいものだ。今よりはるかに温暖だった1億年前から3000万年前、地球の極地には森林が栄えていたが、それはタイガとは大きく違っていた。極地の森林が形成された当初、そこに育っていたのはおもに落葉性の高木や低木類で、多くの被子植物や針葉樹のほか、温暖な気候に適した草本植物も自生していた。現代のタイガの植生は、バンクス島の化石群に記録されたものとよく似ている。主要な植物はマツ科の常緑針葉樹で、ヒノキ科のセコイアやイトスギ、セイヨウネズなどは存在しない。そもそもタイガの生態群系は、北アメリカ大陸の山間部に起源をもつとされている。周辺から隔絶した環境は天然の苗床と同じで、ここにマツ科の常緑針葉樹の森林が形成され、多様なマツ科の現生種へ進化していった。およそ2300万年前になって気候の寒冷化が進むと、多くの植物種は南下を始め、極地の落葉性樹林に育っていた生物群系もこれに従った。山間部の高地に育っていたマツ科針葉樹の林も、寒冷化にともなって極域の低地に広がり、かくして北極圏付近にタイガが誕生した。バンクス島のボーフォート層をはじめとするカナダ北極圏全域に見られる植物化石群には、その後に続いた鮮新世に森林が発達していった過程が記録されている。

　約530万年前から260万年前にあたる鮮新世は、地球温暖化が進む現代と共通点が多く、温暖化が将来に及ぼす影響を予測する絶好の事例となる。鮮新世の間、地球の大陸は現在とほぼ同じ位置にあり、動植物の種類も、現生種と同一とまではいかないが、かなり近いものになっていた。地球の平均気温は現代より3〜4℃高く、これは西暦2100年までに生じる気温の上昇予測と一致する。ただし、南北の極地における気温上昇の影響は予測の範囲に収まらず、より増大する可能性がある。バンクス島を例にとると、鮮新世の島の年間平均気温は現在より20℃前後も高かったと推測される。森林限界は大幅に北上し、冬には日光が差さない高緯度地域にまで拡大していただろう。世界的な温暖化はバンクス島の植生にも現れ、現在ではツンドラの不毛地帯だけが広がる地域にタイガの針葉樹林をもたらした。人類が引き起こす地球温暖化がさらに進めば、タイガは過去と同様に、生態群系ごと北に移動すると思われる。しかし、気温上昇がハイペースで進めば、タイガの変化が追いつかないかもしれない。鮮新世のひとつ前の時代、中新世（2300万年前から530万年前）の気候はさらに温暖だったが、もし現代の地球温暖化がそこまで進めば、今あるタイガは確実に存続し得ないはずだ。どこかで生き延びるとすれば、それはタイガ誕生の地と同じく、下界から孤立した山深い一帯になるだろう。

41 | 花の起源を探し求めて

モンセチア・ビダリイ
Montsechia vidalii

　ハーブの一種として知られるタイムに似た、小枝が広がる小型植物の化石。これは産出地であるスペイン北部のモンセック山脈にちなんで、モンセチア *Montsechia* と名づけられた。一帯の地層に含まれる良質の石灰岩は、石版印刷のリトグラフに広く用いられていたが、そこには白亜紀初期の動植物の化石群も良好な状態で保存されていた。モンセチアの所属については長年の議論を経て、近年の研究により、相当古い年代の被子植物だと推定された。化石に残された左右対となった果実には、小さな種子がひとつずつ含まれていた。これは被子植物であるという位置づけを強く示唆するものの、花弁や花粉を含む袋状の葯は見当たらない。つまり、花をもたない被子植物ということになる。一見矛盾するようだが、これはモンセチアが水中に自生する水生植物だったと仮定すれば解決する。現生種の水生植物は、水面で花を咲かせて虫などを引きつける種もあれば、水中で花を咲かせる種もある。水中で咲く花はおおむね小型で、花の器官をあまり備えず、花弁をもつ必要もない。モンセチアの雄花もまた、極めて単純なつくりをしていたのだろう。葉は小型で細長く、茎は柔らかくしなり、根はまったくなかった[1]。多数の化石標本から判明したモンセチアのこうした形状は、水生植物の特性を裏づけるものだ。現生種で例を挙げると、アクアリウムの観賞用に広く栽培されるマツモ科の水草 *Ceratophyllum* との共通点が多い。

　世界でいつ、最初に花が咲いたのかは、誰にもわからない。被子植物はジュラ紀後期か白亜紀初期には登場したと思われるが、化石の判別や分類の特定が難しく、しばしば論争を引き起こしてきた。これが花の起源が謎めいている理由のひとつだ。また、中生代における被子植物と裸子植物の関連性が不明瞭だという問題点もある。被子植物に最も近づいた種を特定できれば、花の祖先を解明する大きな手がかりになるだろう。さらにややこしいのは、絶滅した裸子植物の一部が花に似た構造を備えていたことだ。そもそも「花」とは、花粉が入った生殖器官と種子の集合体を指し、異なる植物群がもつ「花に似た器官」と識別するのは容易ではない。そのため、裸子植物の化石に残る生殖器官が、ときには花と混同されてきた。ごく初期の被子植物の化石では、十分とはいえない証拠を手がかりに花との類似性を推定する場合もある。モンセチアの化石を調べた研究者たちも同様だったのだろう。

　被子植物は現代における植物の大半を占め、そこに咲く花は、外観の美しさや芳香から人類にも愛でられてきた。それを考えれば、人びとが花の起源を伝える化石を長らく探し求め、珍重してきたのは驚くに値しない。花の誕生にまつわる謎が解明できるかもしれないのだから。

---

[1]——水生植物には根を生やす種もある

時代　前期白亜紀
　　　（約1億4500万〜1億年前）
大きさ　全長5cm
産出地　スペイン

42

炭になった王妃の花

シルビアンテムム・スエシクム
Silvianthemum suecicum

　今から1億年近く前、落雷による森林火災があった。地面に積もった落ち葉や木々はあらかた焼き尽くされ、地表でチャコール（炭）と化すと、激しい雨に流されて川底に沈殿した。現在ではその堆積物から「カオリン」と呼ばれる粘土質の鉱物が切り出され、陶磁器をはじめ、さまざまな工業用途に利用されている。かたや古植物学者は、この堆積層から植物化石を探し当てた。カオリンの粘土を水に浸し、含まれていたチャコールの小片を分離し、そこから注意深く植物化石を選り分けた。よく産出するのは材や葉の一片で、小ぶりの果実や花が発見されるのは珍しく、なかでも花芽（はなめ）の化石は極めて希少だ。しかも肉眼では見えず、顕微鏡を通じてようやく識別できる程度の大きさだ。トランペット型で、上部に筒形の突起がついたこの一片は、貴重な花の化石のひとつだ。写真右側でぼんやりと光る画像は、粒子加速器が発するX線で化石を透過したもので、花の内部構造を詳細まで観察できる。焦土からよみがえるがごとく太古のチャコールから姿を現した化石は、初期段階の花の進化について新たな発見をもたらした。

　この花については、つぼみである花芽から開花した状態に至るまで、さまざまな成長段階の化石が多数採取されている。花芽の段階で内部に格納されていたのは、花の萼片（がくへん）と花弁、葯をもつ雄しべのみで、芽がぴったりと閉じて内部を保護していた。花芽が開くと、花弁と雄しべはむき出しの状態になるので、化石化する過程で消失してしまった。つまり、花の各器官の配置を知るためには、花芽の段階を観察することが重要なのだ。この化石標本は、すでに開花の時期を過ぎたもので、内部には雌しべの器官だけが残されている。上部の突起は受粉のために機能し、胚珠を包む子房に花粉を届ける通路となる。花弁と雄しべは、写真には写っていないが、さらにその下に輪生している。子房は花の下半部にある円錐形の基部となっている。X線画像には、子房のなかですでに受精を終え、種子になるはずだった微細な胚珠が並ぶようすもはっきりと写っている。花の全長はわずか3mmほどだ。最初の発見以降、チャコールとなった同様の花の化石は、世界各地の白亜紀の粘土層から次々と採取されている。最初の産出地であるスウェーデンのシルビア王妃にちなんで、シルビアンテムム *Silvianthemum* の名を拝したこの化石は、花として識別された最初の植物となった。

　花の祖先がもつ特性は、植物学界で長らく議論されてきたテーマだ。当初、それは現生のモクレン類 Magnolia のような大型の花だったとする説が有力だった。だが、モクレン類の化石記録や近縁種について調査が進むと、違う予想図が見えてきた。現在では、花の祖先はごく小型で1cmに満たず、1ヵ所に群生していたと考えられている。多くは両性花で、

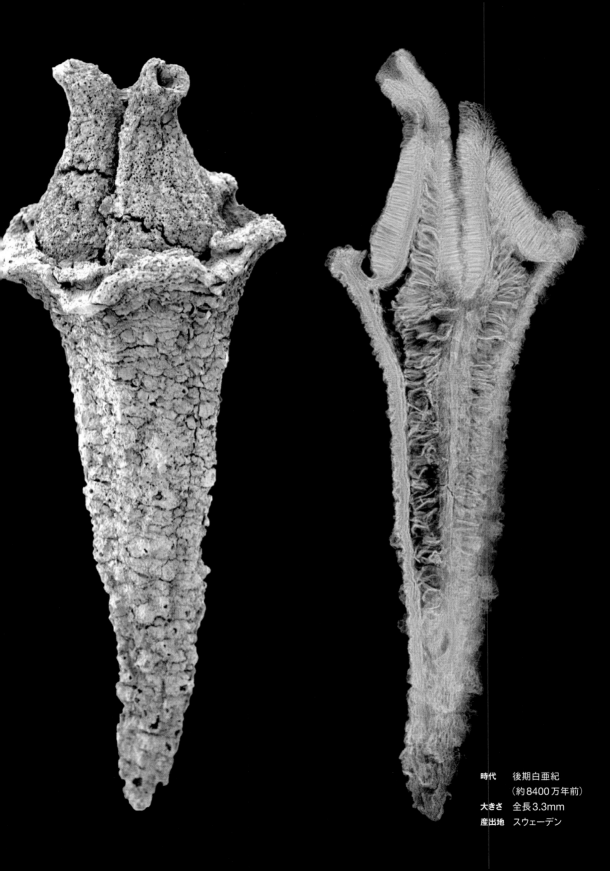

時代 　後期白亜紀
　　　　（約8400万年前）
大きさ 　全長3.3mm
産出地 　スウェーデン

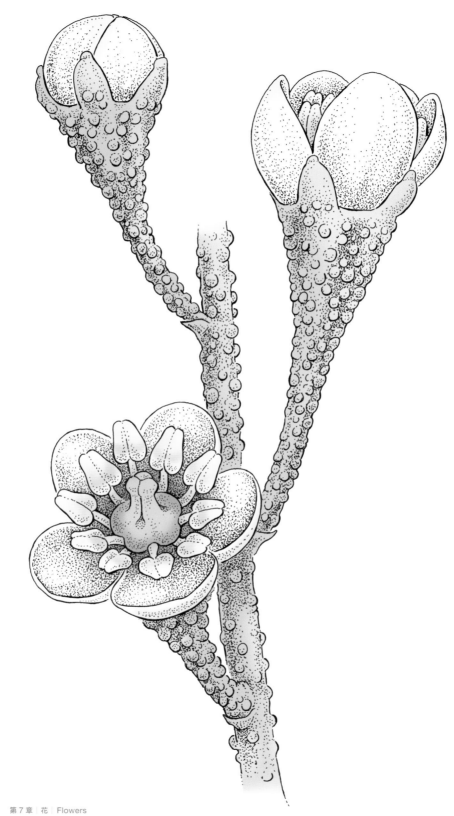

花弁にあたる部分と雄しべがそれぞれ基部に輪生状に集まったシンプルな構造だった。基部の上には雌しべを形成する心皮があり、そのなかにひとつないしは複数の胚珠が包まれていた。現代の花に確固たる類似種は存在しないが、その特徴の一部は、古代から残る現生種に引き継がれている。原始的な被子植物の姿を象徴しながらも、一般的にはあまり知られていないアンボレラ・トリコポダ Amborella trichopoda やその同類に属するアウストロベレイヤ目 Austrobaileyales といった、オーストラリアや太平洋諸島、東南アジア、カリブ海地域に分布する低木もしくはつる植物だ。祖先候補だったモクレン類はといえば、現生する近縁種はじつに多様な花の形態をもち、大ぶりの花を咲かせる園芸交配の盛んなモクレンから、花弁をもたず単一の雄しべと心皮のみからなるセンリョウ Sarcandra の小さな花まで、さまざまだ。センリョウの花に見られる、瓶のような形状の心皮をもつ雌しべと、葯を裂開させて花粉を外に出す雄しべの形状は、前ページの化石でも確認できる。スイレン類（英名 Waterlily）も初期段階の被子植物とされているが、当時の花はかなり小型だった。およそ1億2500万年前まで、植物が咲かせる花は、ごく小さく単純なつくりをしていたのだ。それがやがて、色鮮やかで目を引く姿に変わり、世界の植物相で主流を占める存在になっていった。私たちが親しむ大輪の花々や、花弁が一体化して椀状になった花、左右対称の花弁をもつ花などは、そこから数百万年ものちに登場したものだ。

　現代に生息する被子植物は、じつに37万種を超える。目を見張るほどの多様性をもつに至った要因のひとつは、受粉形態の発達によるものだろう。前述のチャコールとなった古代の花のなかにも、虫による受粉がすでに行われていたことを示す特徴がある。そのひとつが、虫の媒介に特化して花粉を露出させるように進化した雄しべの葯で、虫を誘う蜜腺も備えていた。最初の送粉者となった虫は、おそらく甲虫のほか、ハエやアブといった双翅目の昆虫だった。ミツバチやチョウ、蛾による花粉媒介が始まるのは、もっと後になってからだ。現生する花の多くは虫を花粉媒介者とする虫媒だが、鳥やほ乳類が媒介する場合もある。初期の花の間で行われていたと思われる風媒による送粉も、生育環境によっては有効な手段だ。現生のイネ科植物などは風媒が主流で、動物の送粉者が乏しく、平坦で開けた生息地には風媒が適している。カバノキ類やナンキョクブナ類が占める温帯林でも、風媒が一般的だ。この場合の受粉の季節は早春で、木々の葉が生い茂る前に行われる。個体どうしの距離が近く、大規模に群生する森林だからこそ、風媒が成立する。風媒の植物も、もとをたどれば虫媒の祖先から進化した。風媒の植物に咲く花の大半は、小型化して多くの器官が退化している。花粉を大量に飛散させる雄花が多く咲く、単性花である場合も少なくない。花は過去1億年以上にわたって、幾度となく、臨機応変に姿を変えてきたのである。

43 | 種子を運ぶ果実とその多様性

ニパ・ブルチニイ
Nypa burtinii

　ブリュッセルの採石場で1784年に発見されたこの化石は、ひと目で植物の果実だとわかるものだった。砂に埋もれて石灰岩とともに固まり、のちに二酸化ケイ素が浸透して珪化した状態だ。外側を覆う皮は一部が消失し、特徴的な木の実の部分が露出している。その大きさと外観から、当初はココナッツの化石と考えられたが、のちにマングローブ植物のニッパヤシ *Nypa fruticans* の近縁種と同定された。塩水を含む汽水環境に強いニッパヤシは、潮の干満を受けて流れを変える河川や河口域に自生する。現在ではインドから太平洋諸島にかけて分布する、熱帯のみに育つ植物だ。ニッパヤシの果実は大型で浮力があり、水に流されて種子を拡散させる。ヨーロッパ大陸の始新世の地層から頻出する化石だが、これは当時の熱帯気候が現在よりも高緯度の地域まで広がっていたためだ。

　果実は、種子を遠くへ運ぶためのいわば乗り物だ。被子植物の果実は、花の雌しべとその付属器官が結実して発達し、花をもたない植物に比べるとはるかに多様な進化を遂げた。ニッパヤシの果実は、正しくは「石果」（核果とも）と呼ばれ、桃やプラムのように、多肉質の果皮が単体の硬い核を中心部に包んでいるのが特徴だ。果皮が裂けて内部の核を押し出す機能はもたない。外皮は水をはじき、空気を含んだ繊維に覆われているため、水に浮く。被子植物は子孫を拡散させるべく、このほかにも画期的な手段を数多く発達させてきた。主流なのは、風を利用する風媒だ。風媒を行う果実は概して小型で、翼や羽毛や毛束を備えている。もうひとつ、多い例としては、果実の皮が裂開する力を利用して種子をはじき飛ばす方法だ。また、鳥やほ乳類も、さまざまな方法で種子の散布に一役買ってきた。動物を介した散布の場合、果実の被食を促すのが最も一般的で、かつ最古の手法と思われる。こうしたタイプの果実は食欲をそそる外観をもち、おおむね大型で、完熟すると鮮やかに色づく。食べられるのは果皮が発達した多肉質の部分で、種子は途中で破棄されるか、損傷を受けずに動物の消化管を通って散布される。一方、とげやかぎ状の器官を発達させて、動物の羽や毛に付着して運ばれるものもある。花の受粉で重要な役割をもつ虫は、種子の散布にかけては出番が少ない。ただし、アリだけは別だ。草本植物の種子で小型のものは、アリを誘い込む「エライオソーム」と呼ばれる付属物をもつ。種子や果実の一部が発達したもので、形状はさまざまだが、脂質やたんぱく質を豊富に含む物質だ。アリが種子を巣に持ち帰ると、エライオソームの部分が幼虫の食料となり、残された種子が拡散する、というしくみである。果実とその散布役となる動物の関わりは、花粉と送粉者の関係性ほど限定的ではなく、選択肢が多い。そのためか、果実の製作者である花が、受粉に特化して多種多様に進化したのに比べると、果実の形態はある程度決まっているといえそうだ。

時代　始新世
（約5600万〜3400万年前）

大きさ　幅11cm

産出地　ベルギー

44 | 美しい頭花をもつキク科の隆盛

ライゲンラウン・クーラ
Raiguenrayun cura

　ブラシのような形をしたこの化石は、最古のキク科植物の一種だ。その色合いや質感は、かの有名画家ゴッホが黄色の絵の具を重ねて描き出した、枯れゆくヒマワリ *Helianthus annuus* の花弁と種子を思わせる。ヒマワリは興味深い特徴をもつ植物で、一見すると単体の花だが、じつは形状の異なる小さな花がびっしり並んで茎の先端に広がり、大輪の花を形づくっている。このように、多数の小花で構成される花はキク科 Compositae の植物の特徴で、ラテン語で「星」を意味する aster にちなんだアステラ科 Asteraceae の別名もある。現生種の花のおよそ10%がキク科に属し、2万7,400もの種がある。ランに次いで大きな科だが、植物の長い進化の歴史においては、その一種であるヒマワリの登場は比較的新しいものだった。

　キク科植物の起源は7000万年前の新生代初期、南アメリカ大陸の南部とされている。限られた生息地に登場してまだ日が浅かったこの植物は、恐竜を絶滅に導いた壊滅的な環境変化を生き延びていた。初期のキク科植物が進化し始めた頃には、環境の激変による余波がまだ残っていたと思われるが、やがて地球の生態系は回復に向かっていった。それから2000万年ほど経つと、キク科植物は数や種類を増やし、当時まだ拡大中だった南太西洋を越えてアフリカへ拡散し、さらにヨーロッパやアジアを経由して、今から約3000万年前には北アメリカに到達した。現生するキク科植物の種類の豊富さと多様性は、いくつもの大陸をまたいで縦横無尽に分布した結果だ。抜きん出て多いのは南アメリカ原産の種で、次いでアジアと北アメリカ、アフリカ原産が続く。ヨーロッパ産の種も多いが、南アメリカに比べれば3分の1に過ぎず、最も少ないのはオーストラリア原産の種。初期段階で広く拡散してますます多様化したキク科植物だったが、植物相における優占度はまだまだ低かった。しかし、およそ2300万年前になると、キク科植物は生態系のなかで大躍進を遂げた。地層から産出する花粉化石の量が大幅に増え、あっという間に種類も増えて植物の系統樹を埋めた。そのなかに含まれていたヒマワリの繁栄も、中新世に生じている。地球の気候が寒冷化し、南極大陸に氷床が現れて、四季の変化が大きくなった時代だ。同時期に発達した、乾期をもつ広大な草原やサバンナは、多くのキク科植物に適した環境でもあった。

　過去2000万年にわたって、山脈の形成に代表されるような地質現象によってもたらされた気候の変化が、キク科植物の進化に寄与してきたのは間違いない。同時に、キク科植物がもつ特性そのものも、繁栄を後押ししたと考えられる。まず特筆すべきは、小さな花の集合体である頭花の存在だ。頭花をもつ植物はほかにも存在するが、キク科ほど密集した構造をもち、種類が多様なものはない。よく知られたヒマワリを例にとると、外側は

時代　　始新世
　　　　（約4700万年前）
大きさ　幅3cm（頭花）
産出地　アルゼンチン

Helianthus annuus
I Miller's Illustr. Syst. Syst. Linn. 1777.

「舌状花」と呼ばれる舌のような形の花弁が取り囲み、茶色や黄色の中心円には、ごく小さな筒形の筒状花（管状花とも）が無数に並ぶ。外側の黄色い花弁は、開花のときは最初に開き、そして最後に枯れる。ヒマワリのみならず、キク科全般の花々は、密生する小花の配置パターンや、外側と内側に咲く小花の差異などにより、変化に富んだ形や色、そして雌雄器官のさまざまな組み合わせをもつようになった。おびただしい数の花が融合して大きな花になるという、稀有な構造で多くの生き物を引き寄せるキク科の花は、当然ながら虫による花粉媒介が盛んだ。とりわけ、双翅目昆虫や単独性ハナバチ類がその役割を担ってきた。南アメリカやアフリカ原産の種のなかには、頭花にある筒状花を細長く発達させ、蜜を豊富に含む蜜腺を備え、ハチドリやタイヨウチョウといった鳥による受粉を行うものもある。

　特徴的な外観をもつキク科の頭花は、食料としても狙われやすい。花粉媒介者となる虫は別だが、植食性動物は避ける必要がある。そこでキク科の花は、さまざまな防御機能を発達させてきた。つぼみの状態の頭花を覆って保護する丈夫な包葉、硬く小ぶりな種子、木質化した植物組織、そして種子をひとつずつ覆う「冠毛」と呼ばれる特徴的な毛束。物理的な防衛手段に加えて、多くのキク科植物は、花の集合体の部分に苦みのある毒成分を含んでいる。また、種子の散布と代謝システムという点でも優秀だ。散布については、種子に付属した冠毛を羽のような構造に発達させ、風を利用して拡散するタイプがあり、タンポポがその代表だ。冠毛がついた種子は海をも渡ったと考えられる。もしくは、硬いとげ状の毛をまとった種子をもち、動物の体毛や羽に付着して散布するものもある。そして、稀有な代謝システムも注目に値する。キク科の根茎部にある水溶性ポリマーには、フルクトース（果糖）などの糖類がデンプンよりも多く貯蔵されている。この栄養源のおかげで、低気温や干ばつなどの過酷な環境を生き抜き、季節性の乾期や寒冷期でも子孫を増やせたのだろう。前ページで紹介した化石は、アルゼンチンで発見された4700万年前の頭花だ。長い茎についているのは、頭花を形成していた筒状花を覆う包葉で、筒状花は1.5cmほどに成長していた。最も近縁となる現生種は、南アメリカとアフリカに咲くキク科の固有種だ。この頭花の受粉形態は、化石からはうかがい知れない。だが形状や大きさから推測すると、鳥による受粉媒介が行われていたと考えられる。

45 | 菌と連携する植物たち

プロソピス・リネアリフォリア
Prosopis linearifolia

　さやのなかで一列に並んだ種子は、まぎれもなくマメ類の乾いた実である。この化石が発見されたのは100年以上前のことだ。発見場所は、その昔、火山湖だった場所に形成された堆積層で、良質な化石を多く含むことで有名な米国コロラド州のフロリッサント化石層である。表面に残された文字の走り書きやラベルは、このマメの正体について侃々諤々（かんかんがくがく）の意見が飛びかった過去を物語っている。発見当初、岩石を割って化石が見つかった面には、面の上下に互いの鏡像となる化石がついていた。やがて双方は離ればなれになって長い旅路につき、今は大陸を挟んで別々に保存されている。ひとつはコロラド大学に、そしてもう片方のさやは1911年に大英自然史博物館が購入した（当時は珍しくなかった化石の取引だが、徐々に厳しい規制が敷かれるようになっている）。3400万年前のこの化石は、多くの専門家によってさまざまなマメ類に分類されてきた。その候補には、現生する高木種や低木種からなるギンネム類 *Leucaena* やプロソピス類 *Prosopis* なども含まれる。現代の古植物学者なら、この化石は現生属に分類する確証に欠けるが、マメ科植物に属することは間違いない、とでも言うだろう。

　現代史におけるマメ類は、人類文明とは切っても切れない存在だ。何世紀にもわたって人類の主食になってきた歴史があり、食用となるマメ類には、おもに大豆やヒヨコ豆、落花生、アルファルファ、イナゴ豆、スペインカンゾウなどがある。見分けやすいマメの形状に基づいて科に分類するが、マメ類はじつに種類豊富で、分布域も広大だ。マメ科植物 Leguminosae（ファバセア Fabaceae の学名もある）は、被子植物のなかで3番目に大きな科で、およそ1万9,600種を含む。その大部分は多年生もしくは一年生の草本植物だが、高木や低木、つる性の種も少なくない。

　多くのマメ科植物が備える優れた特性のひとつが、植物の成長に欠かせない窒素を固定する能力だ。土壌に含まれる窒素は植物の根を通じて吸収されるが、成長の過程で多量に必要となるのに対して、地中の含有量では総じて不足しがちだ。土壌に存在する窒素は、岩石に含まれる硝酸塩や、微生物が分解する遺骸や動物の老廃物を通じて供給されるが、自然環境で窒素が活用される場面は多い。そんななか、マメ科植物は、大気中に豊富に含まれる窒素ガスを利用できるという強みをもっている。大気中の窒素は不活性ガスのため、通常の植物はそのままでは吸収できない。自然界で窒素ガスを取り込める状態に変換できるのは、ほぼ微生物だけだ。そしてマメ科植物は、根の内部で微生物と共生することで、窒素固定能力を我が物にする道を切り開いた。

　マメ科植物の根に取り込まれるのは、土壌に存在する「根粒菌（こんりゅうきん）（Rhizobia）」と呼ばれる微

時代　後期始新世
　　　（約3400万年前）
大きさ　全長6cm（さや）
産出地　米国

生物だ。根毛を通じて植物内に吸収された根粒菌は、細胞組織に侵入してその増殖を促し、こぶ状の根粒を形成する。植物にいったん入り込むと、根粒菌もまた数を増やし、大気中の窒素ガスを取り込んでアンモニアに変換し始める。この場合の植物と微生物の関係は、相利共生だ。植物は微生物と共生することで、窒素を定期的に効率よく吸収でき、一方で微生物はエネルギー源となる有機炭素を植物から安定して受け取れる。共生微生物がもつ特性は植物に遺伝するわけではないので、マメ科植物の個体はそのつど、根粒菌を取り込む必要がある。菌が取り込まれるまでは複雑なプロセスを経るが、マメ科以外の植物の根と菌類の間で生じる菌根[1]との共通点も多い。菌根は、植物が窒素固定を行うはるか以前から進化してきた。近年の研究によれば、菌根共生と根粒共生を成立させる植物の遺伝子メカニズムは、一部が共通していることがわかってきた。マメ科植物が根粒共生を通じて窒素固定能力を進化させるなかで、植物は菌類との共生という画期的な新機能を得る道筋をさらに広げていたのだ。このような新機能の獲得は、過去の植物の進化過程でも繰り返し起きてきた。

　マメ科植物が誕生した年代と地域については、今も謎が多い。おそらく後期白亜紀に登場したとされるが、化石群が豊富に産出するようになるのは始新世になってからだ。前述したフロリッサント化石層が形成された時期には、すでに種類も多様化して繁栄していた。一説によれば、マメ科植物の起源はアフリカの熱帯で、そこから当時ゴンドワナ大陸の一部として陸続きだった世界各地へ拡散したとされている。もしくは、より温暖な時期に北半球の高緯度地域で誕生し、複数のルートで南下してアメリカ大陸やアフリカ以南に至ったとする説もある。現在では、熱帯で大いに茂るマメ科植物は木本の高低木で、とりわけアフリカや南アメリカの低地雨林を占めるが、乾期がある森林にも生息している。その反面、温帯に自生するマメ科植物の多くは多年生か一年生の草本植物だ。

　植物界で揺るぎない成功をおさめたマメ科植物だが、その繁栄の秘訣はまだ特定されていない。とはいえ、根粒による窒素固定能力が果たした役割は大きいだろう。窒素を吸収して育つマメ科植物は、葉や種子に豊富なたんぱく質を含むため成長が早く、光合成で高い生産効率を維持できる。そのため、環境への適応能力は抜群で、小規模の環境変化に影響されることはない。また、窒素を含む化学物質を利用して、植食性動物による被食に対抗した防御機能をもつ種も多い。こうした生態学的な戦略の数々によって、マメ科植物は強靭さを身につけ、さらに根粒菌との共生を通じて、成長に必要な窒素を十分に満たしてきたのである。

|1| —— 菌と共生関係で結ばれている植物の根のこと

46 | 果実類の拡散
——巧妙かつ甘美なる戦略

化石果実の詰め合わせ
assorted fossil fruits

　ここに集められた果実は、火山噴火で生じた火砕流で取り込まれたもので、高速で広がった灼熱のサージにより灰や岩石に埋もれていた。火山灰は果実の形状をかたどるように積もったが、内側の植物組織は高熱により損なわれて空洞化し、そこに鉱物がすばやく晶出した。その結果残されたのがこの印象化石（キャスト）で、果実の輪郭は忠実に写し取られているものの、内部組織は現存しない。しかし、特徴的な外観をもつ化石が多いため、植物分類学上の科や属まで推定できている。このなかで最も大きい果実はレモンほどの大きさで、形状からするとピンポンノキ属 *Sterculia* の果実と思われる。通称「Tropical chestnuts（熱帯の栗）」と呼ばれる高木や低木類だ。学名のステルクリア *Sterculia* は、悪臭を放つ花にちなんで、ローマ神話に登場する肥料の神ステルクリウスからつけられた。なお、この堆積層には類人猿やテナガザルの祖先を含む霊長類の化石記録も豊富に残されていた。

　ケニアのルシンガ島は、アフリカ最大の湖であるビクトリア湖の北東部、ウィナム湾に浮かぶ小島だ。島で潤沢に産出する植物化石からは、人類の祖先である霊長類が闊歩していた当時の環境が垣間見えてくる。今から1800万年前、この地域の動植物は定期的に噴火する巨大火山と隣り合わせに生き、周辺には多量の火山噴出物が堆積していた。現地にそびえるキイシンギリ火山の噴火活動の痕跡は、山頂付近に残る火口の一部や、中央部分がドーム状に盛り上がったルシンガ島全体の地形に今も見ることができる。噴火活動の合間を縫って、植物は開けた森林地帯に繰り返し再生した。島に残る地層の一部には、化石化した樹木の切り株が露出し、そこから樹木の太さや密生の度合いを計測できる。それによれば、島には閉じた林冠でびっしりと覆われた森林も、ときには出現していたようだ。気候は乾期をともなう熱帯で、森林には高低木からつる植物、低層の草本類まで、豊かな植生があった。また島の森林地帯は、多様な動物たちの生息地でもあった。そこに含まれる霊長類の絶滅種は、東アフリカで進化した初期の類人猿について知る手がかりとなる。化石類人猿でよく知られているのは、サルと類人猿の特徴を併せ持つプロコンスル *Proconsul* だ。サル類と同様に水平姿勢をとり、四足歩行で歩いたり座ったりしていたと思われるが、木登りの際には類人猿に近い体勢をとっていたと思われる特徴がある。特に足指の形状はものを強く握れるように発達し、前肢の構造は肩と肘の可動域が広く、手首を回転させることができた。また、ほかの類人猿と同じく尾をもたなかった。前肢の機能と指の強い握力は、木登りで役立ったことだろう。プロコンスルは、緑濃い熱帯雨林で樹上生活を送っていたと思われる。森林は火山の裾野に広がる土壌豊かな平地に栄えていたはずだ。

　霊長類の多くは果実を主食とし、しかも大量に摂取していた。樹上での暮らしは貴重な

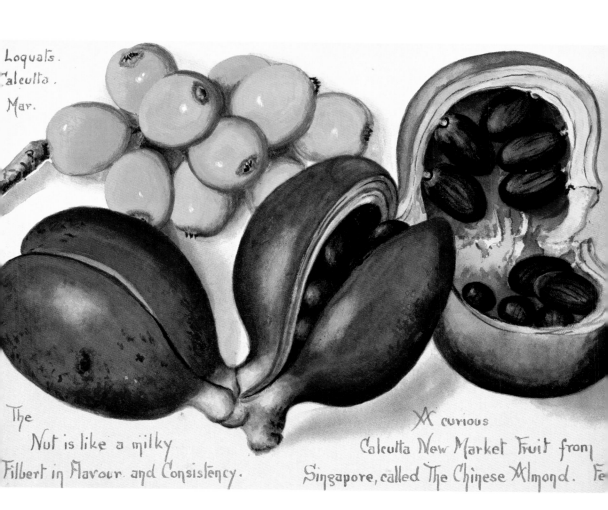

Loquats.
Calcutta.
Mar.

The
    Nut is like a milky
Filbert in flavour. and Consistency.

A curious
Calcutta New Market Fruit from
Singapore, called The Chinese Almond. Fe

食料源を探すのに適していて、彼らの嗜好に合っていた。さらに霊長類には、果実を求めるときに便利な、ほかのほ乳類にはない利点がもうひとつあった。私たち人類と同じ、3色型色覚だ。眼の網膜に3種の異なる色を知覚する錐体細胞を備えることで、光の波長特性の差を感知し、識別できる色と可視領域を認識しているのだ。一般的に、ほ乳類の多くは感知できる色の少ない2色型色覚で、緑色と赤色が識別できない。霊長類が3色型色覚を獲得したのは、果実を探すのを容易にするためだったという説がある。熟した果実は栄養も豊富だが、決まった季節にしかありつけない貴重な存在だ。たいていの果実は完熟する過程で、色を変化させる。周囲の背景と異なる色は目立つ存在だが、それは色彩の違いを識別できる場合に限られる。霊長類は3色型色覚を得たことにより、茶色い枝や緑の葉に紛れて実る熟れた果実の色を明確に認識できるようになったのだ。

　被子植物が環境に適応して得たおもな進化のひとつは、種子散布のために食用の果実を実らせたことだ。機が熟せば、果実は甘い香りと色で動物にそのことをアピールする。果実と種子、そして散布を媒介する動物とのゆるやかな共進化は、8000万年以上前から見られるが、多様化して活発になったのはその3000万年後、始新世の中期頃と考えられる。この年代には、果実を食料とする主要な動物群がより多様化し、そこには霊長類や鳥、コウモリも含まれていた。中新世には、さまざまな被子植物の間で多肉質の果実が誕生して徐々に広まったが、それはルシンガ島の植物相でも例外ではなかった。現生種の植物では、多肉質の果実をもつ樹木の割合は温帯林で40％、熱帯林では70％以上にのぼる。植物からすれば、動物は種子散布のための便利な手段に過ぎない。植物は彼らの食欲をより巧みに刺激し、その習性を利用しながら、いつの間にか鳥やほ乳類の進化の方向性を決定づけてきた。それもこれも、植物が子孫を拡散する手段を追い求めた結果だ。そして鮮やかな色彩で誘う果実は、私たち人類の食卓にも、新たな食感や香りを多くもたらしていった。

47 | 植物を追う人類の足跡

ピヌス
Pinus

英国東部に広がるノーフォークの海岸には、更新世の地層からなる低い岸壁がある。北海の荒波に瞬く間に削られてしまう湾岸の崖だ。海岸線の至るところに、潮の浸食作用を防ぐ目的で建設された年季の入った護岸や堤防が点在するが、あまり功を奏していない。地層の堆積物が波で洗われると、動植物の化石群に混じって古代の遺物も表出する。先史時代の初期人類の歴史を明らかにする、貴重な証拠だ。ある場所に古代人類が存在したか判断する際、多くの場合、頼りになるのは当時の遺物だけだ。ノーフォークで産出したのは、先端が鋭利に削られた石器だった。近年、同じ地域から複数の子どもと大人と思われる古代人の足跡も発見された。おそらく家族の足跡なのだろう。石器と足跡が発見されたのは85万年以上前の地層で、のちにテムズ川となる川の河口付近と思われる場所に堆積していた。当時の川は今より150kmほど北に位置して北海に注ぎ込んでいた。人類の祖先がアフリカで誕生して各地に広がったのち、いかに北方の気候での生活に適応していったのか。その生態学的な背景を知る手がかりが、マツ属 *Pinus* の球果の化石に残されている。

この球果をつけたマツの木が育っていた頃から数えると、ヨーロッパからアジア、北アメリカの一帯は、見渡す限りの氷床に覆われては、氷床が後退する、ということを少なくとも8回は繰り返した[1]。それぞれの氷河時代、イングランドの島の植生は氷床により完全に消滅し、氷床が後退したときだけ姿を現した。植物が移動すれば、動物もそれに続く。古代人の人口は氷期のサイクルに合わせて増減したはずで、気候が寒冷化すれば安住の地を求めて南下し、再び温暖になれば北へ移動したと考えられる。このマツの球果の化石は、更新世初期のものと断定されたもののなかでも、北限に位置する考古学遺跡から発見された。同じ場所で産出した植物や花粉の化石記録と併せて考察すると、球果が実っていた時期は間氷期にあたる比較的温暖な気候の期間で、のちのテムズ川である河川には草原や針葉樹林を縫うように水が流れていた。同じ地域からはほ乳類の化石も見つかり、現生のアカシカのほか、ウマやハイエナ、ヘラジカやマンモスなどの絶滅種が生息していたようだ。遺跡周辺の環境や気候は現在のスカンジナビア北部に近く、温帯と亜寒帯が入り混じっていた。南から移住してきた狩猟採集民たちは、慣れない北の大地に居住しようと奮闘していたに違いない。夏の間は食料が豊富でも、獲物となるほ乳類の数は少なく、冬は狩猟採集に不向きで酷寒の日々が続く厳しい環境だったはずだ。アフリカを北上して地中海盆地を越えた私たちの祖先は、快適な南の地域にすぐに腰を落ち着けたわけではなく、亜寒帯地域の辺境で、新たな試練に立ち向かうために試行錯誤を続ける必要があったのだ。

1——アジアの氷床の拡大規模は小さかったとする考えもある

時代	前期更新世末 （約85万年前）
大きさ	幅1.75cm
産出地	英国

穀物栽培と人類の共依存な関係性

トリティクム・アエスティウム
Triticum aestivum

炭化して黒ずんだ穀粒は、イングランド南部で発掘されたローマ時代の墓地に埋葬されていたものだ。火葬の際に炭と化したことで、はからずも地中での分解をまぬがれた。古代の埋葬では食料を添えて死者を葬るのがごく一般的で、社会的にも文化的にも大きな意味をもっていた。こうした慣習は、中東に暮らす先住民族から始まったとされている。彼らにとって小麦はさまざまな神と結びつく穀物で、重要な役割を果たしていた。現在に至るまで、小麦からつくられたパンはユダヤ教やキリスト教、イスラム教の礼拝や式典に欠かせない存在であり、小麦は世界中の温帯地域において極めて重要な食用作物である。小麦が大きく普及した理由は、その適応性の高さにある。環境を選ばずよく育ち、機械による大規模な刈入れが可能で、長期保存にも向いている。何より大きな理由は、小麦から生じるたんぱく質のグルテンの存在だろう。小麦と水を練ったときに出る粘りと弾力はグルテンの働きによるもので、成形した生地はパンやパスタ、麺類など多くの食品に活用されている。小麦にはほかにも、必須アミノ酸やミネラル、ビタミンをはじめ、植物性の化学物質（フィトケミカル）や食物繊維といった人間の食生活に有益な成分が多く、特に精白前の全粒粉を使った食品には多く含まれている。ヨーロッパやアジア、アフリカなどの多くの古代文明では、小麦の栽培と人類社会の発展は分かちがたく絡みあってきた。小麦のない暮らしなど耐えられない、という発想が生まれても無理はない。たとえ墓のなかであってもだ。

人類が摂取するカロリーの70％近くは、15種類の植物から生じている。上位4種は米、小麦、トウモロコシ、サトウキビで、いずれもイネ科植物だ。多くの実りをもたらす穀物が、じつは頼りなげな野生種の植物を祖先にもつことはほとんど知られていないし、その実物を目にする機会も少ないだろう。同じ植物種でも、野生種と栽培種の特性は大きく異なり、こうした現象は「栽培化症候群」と呼ばれる。人の手で栽培化された植物がもつ特性は、種類によって異なるものの、おおむね減毒化され、食用に不向きな味の部位は除去されている。穀物の実は、収穫前に穂から落ちて拡散することなく、かつ脱穀時には実離れしやすいよう改良された。種子は大型化し、同時期に個体差なく完熟するようになり、本来備えていた発芽の休眠期は消失した。ほかにも、栽培や加工に適した多様な特性を備えている。

人類初の農耕は、人びとが野生種の小麦のなかから、生産力に優れ、栽培に向いた種を選定し、自ら植えたことで始まった。これが今から1万年以上前、新石器時代に起こったできごとで、同時期に人類の生活様式は狩猟採集型から定住による農耕型へ移行していった。最初の小麦栽培は、現在のトルコ東南部が発祥とされ、約8000年前にギリシャを通じてヨーロッパに伝わった。イタリアやフランス、スペインへと、西へ拡大したのち、バルカ

時代　後期完新世
　　　　（紀元前410〜紀元前43年）
大きさ　全長5mm（穀粒）
産出地　英国

ン半島からドナウ川を通じて北方へ広がり、5000年前には英国とスカンジナビア地域で
も小麦栽培が始まった。アジア方面へは中東のイランを経由して3000年前の中国に伝わ
り、アフリカ大陸ではエジプトを起点として広まった。新大陸では、メキシコには1529年
にスペインから、オーストラリアには1788年に英国から、それぞれ小麦栽培がもたらさ

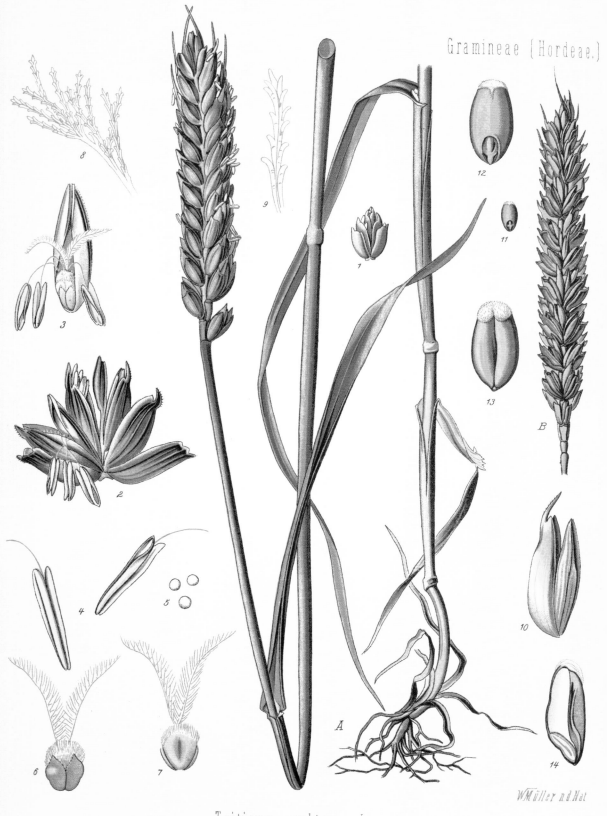

Gramineae (Hordeae.)

Triticum vulgare L.

W.Müller n.d.Nat

れた。今や小麦は主要な穀物のひとつであり、世界の年間生産量はトウモロコシに次ぐ第2位だ。作付面積はほかのどの主要農作物よりも広く、全世界の小麦の耕作地を合わせるとグリーンランドの総面積に匹敵する。

　小麦に多様な種が広がり、食用作物としての特性を備えるようになったのは、長い時間をかけて農耕に適した種が人為的に選別されてきたためだが、大昔に小麦の異種間で生じた自然交雑もその一因だ。小麦の遺伝子は、ほかの栽培作物に比べるとはるかに複雑だ。小麦のなかには、2対の染色体からなる2倍体をもつ種もあるが、多くの種は一定して4対の染色体からなる4倍体か、6対からなる6倍体だ。野生種の小麦のうち、初期に栽培されたヒトツブコムギは2倍体だった。現在の小麦の祖先にあたるヒトツブコムギだが、その大部分は栽培向きの品種に追いやられ、今や世界各地でわずかに残る遺存種となっている。また、約50万年前にヒトツブコムギとほかの野生種の小麦が交雑して生まれたエンマーコムギは、4倍体の染色体をもっていた。その野生種のエンマーコムギから派生した品種が、栽培種のエンマーコムギとデュラムコムギだ。乾燥した地中海気候に適応したデュラムコムギは、セモリナ粉やパスタの原料として使われている。さらにおよそ8000年前、エンマーコムギかデュラムコムギの栽培種が、6倍体の染色体をもつ野生種と交雑した。何度か交雑が繰り返され、やがて今日の「スペルトコムギ」や「パンコムギ」と呼ばれる品種が誕生した。パンの原料に広く使われるパンコムギは、現在では世界の作付面積の約95％を占める主流品種である。

　人類は数千年にわたり、栽培に適した小麦を選定・交配することで小麦の進化を方向づけてきた。初期の交配は、実りのよい個体を保存するうちに無作為に行われたのだろう。やがて、栽培地域や生産性をさらに拡大する目的で、より計画的な交配が進んでいった。近年の品種改良は、作付面積を広げるよりも収穫量を上げることに重きが置かれ、あまりにも改良が進んだパンコムギは、もはや野生の環境では自生できない状態だ。品種改良の挑戦は今なお続き、病害に強く収穫量に優れ、品質を保持しつつも窒素肥料への依存を減らせる小麦の登場が待たれている。人類が求める特性を付与するため、小麦の遺伝子を直接操作できる技術も登場した。小麦は今後もより成長進度を速め、計画に沿って進化すると思われる。植物と人類の関係性は新たな段階を迎えたといえるが、これには賛否両論がつきまとう。小麦という穀物は、数千年にわたって人類に重宝されてきた。遺伝子的な改変によって小麦に生じた多様性を受け入れるかどうか、それは小麦製品を食べる私たち自身にかかっているのだ。

ヨシが物語る湿地帯の行く末

フラグミテス・アウストラリス
Phragmites australis

　筒の表面には、縦方向に走る筋と、水平に交わる複数の節（ふし）が見える。これはヨシ（アシ）*Phragmites australis* の地中に伸びる根茎と茎が化石化し、二酸化ケイ素に浸って保存されたものだ。エジプトの首都カイロから南西に下った、ファイユーム盆地の地層から発見された。盆地の北側には、紀元前 3 世紀のプトレマイオス 2 世によって建設されたというディマッセバの遺跡がある。宗教儀式の要所として栄えたディマッセバは、農業で成り立つ集落でもあった。かつてのファイユーム・オアシスで、現在ではカールーン湖となっている水辺から2.5km離れた場所に、荒涼たる砂漠の遺跡として残されている。この集落と同様、化石化したヨシも、紀元前のオアシス沿岸で栄華を誇っていたのだろう。いずれも、太古のエジプトの盆地に湿地が広がっていたことを示す存在だ。更新世の時代、ファイユーム盆地にはナイル川の水が流れ込んで一面に湿地帯が広がり、その規模は時代によって変化した。ナイル川の氾濫によって水の流入域が変わり、後年にはエジプト中王国（紀元前2050〜紀元前1710年頃）の歴代のファラオによって大規模な運河や貯水池の建設が進められた。だが少なくとも 20 世紀半ばまで、湿地帯は水の増減を利用した生物の繁殖地か、蚊の媒介による病気の発生を抑える場所、という程度にしかみなされていなかった。現在では、湿地帯は生物の宝庫でありながら、絶滅の危機に瀕した生態系として認識が改められている。

　ヨシは世界各地の湿地帯に広く分布する、湿地の植物の代表格だ。湖や海、川の沿岸や泥炭地をびっしりと覆い、大群生を形成する。古代から人びとの暮らしに取り入れられ、家畜の飼料や住居・調度品の材料として活用されてきた。また、ヨシが群生するヨシ原は水の不純物を吸い上げて浄化する作用をもち、天然の浄水装置として再注目されている。

　湿地帯は、人類の生活向上に大きく貢献してきた。米や魚といった日々の糧をもたらし、飲料水の供給源となり、湿地の植物は繊維や燃料として活用された。水質汚染や大規模な洪水を防ぎ、地球の気候変動に対しても機能する。また、観光資源としての可能性も秘めている。湿地帯の水を媒介とする病気などの健康リスクは、啓蒙活動や水質管理によって軽減できるはずだ。加えて、湿地帯は古来より、巡礼地や精神的な充足の場でもあった。その水はさまざまな儀式に用いられ、治癒にも利用されてきた。古代エジプト人はナイル川を神からの賜り物とみなし、川は神の命そのものであると考えていた。しかし現在では、湿地帯とその植生がもたらす恩恵は、インフラ整備や土地の転換利用、飲用や灌漑用の水の引き込みなどによって、存続の危機を迎えている。このヨシの化石は、湿地帯が消え去った地に生じるのは、一帯の荒廃であることを伝えている。ファイユーム盆地を見ればわかるように、湿地帯なき後に残るものは、塵積もる廃墟と干上がった大地だけなのだ。

時代　後期更新世〜完新世
　　　（約12万年前以降）
大きさ　最大全長11cm
産出地　エジプト

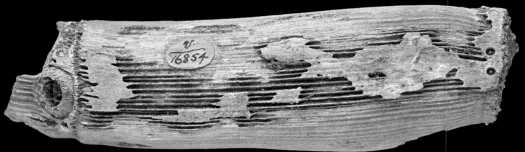

50 | 種子を守るということ

シレネ・ステノフィラ
Silene stenophylla

　後期更新世、氷河期のシベリア北東部で風塵に埋もれた大型ほ乳類の骨があった。そこにはマンモスやケブカサイといった古代の絶滅動物のほか、バイソンやウマ、シカの仲間が含まれていた。同じ場所の地中深くには、当時のホッキョクジリスが掘った穴も残され、そのなかから凍った状態の植物の種子が発見された。夏の終わりにリスが集めて埋めたものだ。春先に冬眠から目覚めると、リスは地中の貯蔵食料で食いつなぎ、より暖かい季節を待ったのだろう。それは高い木々の育たない厳しい環境のツンドラに、新たな芽吹きが訪れる季節でもあった。リスが地中に埋めた食料は、すべてが食べ尽くされることは決してなく、多くの種子が地中に残される。種子の種類にはリスの嗜好がよく表れていて、カヤツリグサ類のスゲ類 *Carex* spp. やツツジ科のウラシマツツジ *Arctous alpina*、タデ科のスイバ *Rumex arcticus*、そしてナデシコ科のスガワラビランジ *Silene stenophylla* などの草花の種子が発見された。放射性年代測定によって 3 万 1000 年以上前のものと推定された種子群は、多くの細胞や組織内に生理的反応が残されていた。そのため、自然な発芽はもはや不可能だったが、子房内の組織を慎重に抽出して培養したことで、スガワラビランジの種子がみごとに発芽した。土壌に戻すと順調に育って花を咲かせ、果実と種子を実らせた。生命の胎動を宿して永久凍土に眠っていた種子は、まさに更新世の遺存種となった。そして、スガワラビランジは、再生に成功した最古の被子植物になったのである。

　外皮に覆われて保護された種子は、植物のごく小さな初期形態である。その多くは高い耐久性を備え、いったん親植物から離れて拡散すると、地中で長期間生き延びることができる。発芽を待って地中で眠る小さなタイムトラベラーたちの集団は、「土壌シードバンク」と呼ばれ、生育環境の異変や自然災害が生じた際に、植物がすばやく再生するために欠かせない存在だ。種子が地中で休眠する期間には、大きなばらつきがある。種子本来がもつ特性や周囲の気温や湿度、菌類の侵入や動物による捕食など、さまざまな要因に左右されるからだ。100 年以上生き延びる種子はごくまれだが、これだけ長期にわたって休眠する種子も少数ながら存在する。スガワラビランジより前に発芽に成功していた最古の植物は、2000 年前のナツメヤシ *Phoenix dactylifera* だ。種子は 1960 年代に、イスラエルのユダヤ砂漠に位置するマサダ要塞の遺跡で見つかった。ユダヤ王ヘロデが紀元前 30 年前後に改修に携わった、古代の要塞だ。発見された種子は 2005 年に植えられ、順調に発芽して成長した。このほか、長期間休眠していた種子の例としては、中国東北部の遼寧省にある乾湖で発見されたハス *Nelumbo nucifera* の種があり、1300〜200 年前のものと推定された。数百年にわたって地中の放射線にさらされた影響で、一部の種子には異常性が認められたが、

ナデシコ科の植物レッドキャンピオン *Silene dioica* の種子。
拡大すると、シベリアの更新世の地層から発見されたスガワラビランジの種子によく似ている

その多くは発芽に成功した。植物の種子が数百年、いや、千年以上にわたって、理想的とはいえない環境下でも生き延びられるなら、適切な管理さえ行えば多様な植物を未来に向けて残す道が開けるということにもなる。

　植物は、地球の生命体にとって欠かせない存在だ。植物が減少すれば、私たち人類の生活の質も低下する。試算によれば、今日の20％もの植物種に絶滅の恐れがあるという。最大の危機にさらされている生物群系は熱帯雨林だ。その原因は森林の農地転換や、天然資源を持続不可能なレベルまで利用し尽くしていることにある。植物が今後も進化する可能性を残すためには、生態系を丸ごと保存できるのが最良策だ。だが、近年の環境変化のスピードはあまりに速く、多くの植物群を野生のまま保護するのは至難の業だ。真に価値があるのは、植物がもつ遺伝子的な多様性である。そこで、植物の種子が収集され、自然環境から離れた種子バンクで保管されるようになった。

　そもそも植物の種子を保存する試みは、穀物の多様な品種を残すために始まった。とりわけ、現在ではほとんど栽培されなくなった古代の品種群の保存が目的だった。穀物の種子を収集・保存する施設として世界最大のものは、ノルウェー北極圏に位置するスピッツベルゲン島の山深くにある「スヴァールバル世界種子貯蔵庫」だ。この巨大な倉庫は、国際的な主たる農業用種子バンクにとって、まさに「種子のバックアップ」となる。種子バンクとは、穀物の新品種を生むための交配用の種子を市場に提供する組織だ。栽培用穀物と類縁がある野生の植物種を保存するために種子バンクを設立する植物園やその関連機関が、この20年間で相次いでいる。なかでも世界最多の規模で植物の種子を収集しているのが、ロンドン近郊にあるキュー王立植物園の「ミレニアム・シード・バンク」だ。種子を貯蔵する際は、収集した種子を乾燥させて、-20℃で冷凍保存する。多くの植物種の種子がこの手順で保存可能だが、約3分の1の植物には不向きな方法だ。その場合は、種子から胚を取り出して、-196℃で凍結保存を行う。シベリアの永久凍土からよみがえった更新世の種子のように、凍って眠りについた未来の資産は、これで少しでも生き永らえるだろう。とはいえ、種子を保存したところで、地球の環境変化を打破したり、気が遠くなるような時間をかけて発達した森林やサバンナや湿地帯が失われていくのを軽減できたりするわけではない。種子の保存が可能にするのは、植物種を絶滅から救う、その一点のみだ。植物という資産を今のうちから保管し、その遺伝子上の多様性を守る。それは、私たちが子孫に残せる未来への投資にほかならない。

| p.4 |

ポプルス・ラティオール
Populus latior 葉
中新世
バーデン＝ヴュルテンベルク州
エーリンゲン（ドイツ）
大英自然史博物館 V 18
葉の幅11cm

| p.7 |

軟マンガン鉱の偽化石（忍石）
dendrite
後期ジュラ紀
バイエルン州ゾルンホーフェン（ドイツ）
大英自然史博物館 BM.39897
岩石の幅14.5cm

| p.9 |

縞状鉄鉱
banded iron
古原生代
ウェスタン・オーストラリア州
ピルバラ地方ハマスレー盆地
（オーストラリア）
大英自然史博物館 AQ-PEG-2016-33
底辺の幅2.1m

| p.11 |

バンギオモルファ・プベッセンス
Bangiomorpha pubescens 糸状体
中原生代
北極諸島サマセット島（カナダ）
ハーバード大学 古植物コレクション 63008
最大直径30μm

| p.13 |

コエロスファエリディウム
Coelosphaeridium
中期オルドビス紀
ヘドマルク県リンサカー（ノルウェー）
大英自然史博物館 V 28247
岩石の幅6cm

| p.17 |

クックソニア・ペルトニイ
Cooksonia pertoni 胞子嚢
後期シルル紀
イングランド地方
ヘレフォードシャー州（英国）
大英自然史博物館 V 58010
化石の全長1cm

| p.21 |

炭化した木部細胞
charcoal xylem
前期デボン紀
イングランド地方
シュロップシャー州（英国）
ウェールズ国立博物館 99.20G.1
細胞の直径20μm

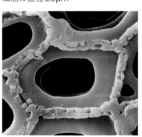

| p.23 |

サーソフィトン・エルベルフェルデンゼ
Thursophyton elberfeldense 茎
中期デボン紀
ヴッパータールのエルバーフェルト
（ドイツ）
大英自然史博物館 V 17195
岩石の幅24cm

| p.25 |

炭中の胞子
spores in coal
石炭紀ミシシッピアン亜紀
モスクワのポビエデンコ（ロシア）
大英自然史博物館 V13068
胞子の直径0.5mm

| p.29 |

ゼノシーカ・デボニカ
Xenotheca devonica
後期デボン紀
イングランド地方デボン州（英国）
大英自然史博物館 V 31136
化石の全長2.5cm

| p.31 |

リニア・ギンボニイ
Rhynia gwynne-vaughanii
前期デボン紀
スコットランド地方
アバディーンシャー州ライニー（英国）
大英自然史博物館
スコット・コレクション 3133
茎の直径2mm

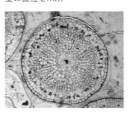

| p.33 |

スティグマリア・フィコイデス
Stigmaria ficoides 　根
石炭紀ペンシルバニアン亜紀
スコットランド地方
クラックマナンシャー州（英国）
大英自然史博物館 V 3111
化石の幅25cm

| p.35 |

エオスペルマトプテリス
Eospermatopteris 　樹幹
中期デボン紀
ニューヨーク州ギルボア（米国）
ギルボアに野外展示された化石標本
基部の幅1m

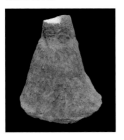

| p.39 |

レピドデンドロン・サブディコタム
Lepidodendron subdichotum 　枝
石炭紀ペンシルバニアン亜紀
採集地の詳細不明（英国）
大英自然史博物館 39031
基部の幅6.5cm

| p.43 |

プサロニウス・ブラジリエンシス
Psaronius brasiliensis 　樹幹
前期ペルム紀
リオ・グランデ・ド・スル州（ブラジル）
大英自然史博物館 V 9002a
直径18cm

| p.47 |

アガトキシロン
Agathoxylon (Araucarioxylon) 　樹幹
後期三畳紀
アリゾナ州 化石の森国立公園（米国）
大英自然史博物館 V 28224
直径25cm

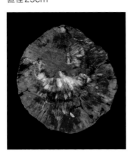

| p.51 |

アクセルハイバーク島の森林
Axel Heiberg Island forest
中期始新世
ヌナブト準州クィクタアルク地域
アクセルハイバーグ島（カナダ）
立木の最大直径1m

| p.53 |

レテスポランギクス・ライオニイ
Retesporangicus lyonii 　胞子嚢
前期デボン紀、スコットランド地方
アバディーンシャー州ライニー（英国）
アバディーン大学 地球科学部
薄片149-CT-B
基部の幅50μm

| p.55 |

腐敗した樹木（針葉樹の珪化木）
rotten log
後期ジュラ紀
イングランド地方
ドーセット州ポートランド島（英国）
大英自然史博物館 V 68808
直径26cm

| p.57 |

トリゴノカルプス・パーキンソニ
Trigonocarpus parkinsoni　種子
石炭紀ペンシルバニアン亜紀
採集地の詳細不明（英国）
大英自然史博物館
ボワーバンク・コレクション 41155
全長2cm

| p.59 |

ペゴスカプス
Pegoscapus cf. *peritus*
胞子を含んだイチジクコバチ
漸新世〜中新世
ドミニカ共和国
大英自然史博物館 I.II.3039
ハチの全長1mm

| p.61 |

糞の化石（糞石）
coprolites
中期ジュラ紀
イングランド地方ヨークシャー州
ローズベリートッピング（英国）
大英自然史博物館 V 58510
岩石の幅8cm

| p.63 |

スティグマリア
Stigmaria　樹幹に付属した根系
石炭紀ペンシルバニアン亜紀
ウェールズ地方クルーイド州
ブラムボ（英国）
ウェールズ国立博物館 2015.4G.1
樹幹の全長1.7m

| p.65 |

クラドフレビス・アウストラリス
Cladophlebis australis　葉
中期ジュラ紀
クイーンズランド州ボーデザート
（オーストラリア）
大英自然史博物館 V 24557
岩石の幅8cm

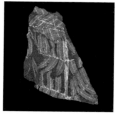

| p.67 |

アステロフィリテスと
パレオスタキア・ワグナー
Asterophyllites（葉）と
Palaeostachya wagner（胞子嚢穂）
石炭紀ペンシルバニアン亜紀
ウェールズ地方ミッド・グラモーガンの
ヒルワイン（英国）
大英自然史博物館
テイラー・コレクション V 68610
岩石の幅22cm

| p.71 |

バクランディア・アノマラ
Bucklandia anomala　樹幹
前期白亜紀
イングランド地方ウェスト・サセックス州
クックフィールド（英国）
大英自然史博物館 V 3690
全長12cm

| p.75 |

アラウカリア・ミラビリス
Araucaria mirabilis　球果
中期ジュラ紀
パタゴニア地方セロ・クアドラード
化石林（アルゼンチン）
大英自然史博物館 V 58403
幅6cm

| **p.77** |

アルカエオプテリス・ヒベルニカ
Archaeopteris hibernica
枝葉と胞子嚢穂
後期デボン紀
キルケニー州キルターカン
（アイルランド）
大英自然史博物館（未登録標本）
岩石の全長68cm

| **p.79** |

フィソストマ・エレガンス
Physostoma elegans　種子
石炭紀ペンシルバニアン亜紀
イングランド地方グレーター・
マンチェスターのロッチデール（英国）
大英自然史博物館
オリバー・コレクション 1683
楕円体の全長2.5mm

| **p.81** |

ギンゴウ・クレイネイ
Ginkgo cranei　葉
暁新世
ノースダコタ州オルモント（米国）
大英自然史博物館 V 68763
葉の幅7cm

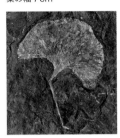

| **p.85** |

アガチス・ジュラシカ
Agathis jurassica　枝条（右端に魚）
後期ジュラ紀
ニューサウスウェールズ州タルブラガー
（オーストラリア）
大英自然史博物館 P 12440
葉の全長14cm

| **p.89** |

モナンテシア・サビヤナ
Monanthesia saxbyana　樹幹
前期白亜紀
イングランド地方ワイト島（英国）
大英自然史博物館 V 63589
視野幅12cm

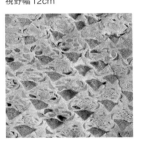

| **p.93** |

パジオフィルム・ペレグリン
Pagiophyllum peregrinum　枝条
前期ジュラ紀
イングランド地方ドーセット州（英国）
大英自然史博物館 V 68809
枝の全長7cm

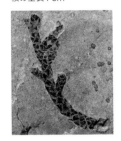

| **p.95** |

化石化（黄鉄鉱化）した果実群
fossil fruits
始新世
イングランド地方ケント州シェピー島（英国）
上段左から時計回りに、
大英自然史博物館 V 64885、V 64872、
V 64944、V 64922、V 64938
最大全長2cm

| **p.97** |

アケル・トリロバトム
Acer trilobatum　葉
中新世
バーデン＝ヴュルテンベルク州
エーリンゲン（ドイツ）
大英自然史博物館 V 18429
葉の幅9cm

| **p.99** |

ノトファグス・ベアードモレンシス
Nothofagus beardmorensis　葉
新第三紀
南極横断山脈ベアードモア氷河
（南極大陸）
葉の幅3cm

| p.101 |
フィクス
Ficus 葉
後期更新世
西方砂漠ハルガ・オアシスの低地
（エジプト）
大英自然史博物館 V 27751
岩石の幅23cm

| p.103 |
グロッソプテリス・インディカと
グロッソプテリス・ストリクタ
*Glossopteris indica*と
Glossopteris stricta 葉
後期ペルム紀
マハーラーシュトラ州ナグプールの
シユウーダ（インド）
大英自然史博物館 V 64045
岩石の全長60cm

| p.105 |
ギンゴウ・ハットニイ
Ginkgo huttonii クチクラ層と気孔
中期ジュラ紀
イングランド地方ヨークシャー州
ウィットビー（英国）
大英自然史博物館 V 27499b
視野幅1mm

| p.107 |
アゾラ
Azolla 植物体全体
始新世
ブリティッシュコロンビア州スミザーズの
ドリフトウッド・クリーク（カナダ）
大英自然史博物館 V 55499
岩石の幅5cm

| p.109 |
サバンナで採取された
イネ科植物のフィトリス群
grass phytoliths
中新世
ネブラスカ州（米国）
大半は20μm以下

| p.111 |
ピセア・バンクシー
Picea banksii 球果
後期鮮新世
ノースウェスト準州バンクス島（カナダ）
大英自然史博物館 V 57063
全長6cm

| p.115 |
モンセチア・ビダリイ
Montsechia vidalii 枝葉
前期白亜紀
カタルーニャ州レリダ（スペイン）
大英自然史博物館 V 32292
全長5cm

| p.117 |
シルビアンテムム・スエシクム
Silvianthemum suecicum 花
後期白亜紀
ダーラナ県オーセン（スウェーデン）
スウェーデン自然史博物館 S 171578
全長3.3mm

| p.121 |
ニパ・ブルチニイ
Nypa burtinii 果実
始新世
ブリュッセルのスカールベーク
（ベルギー）
大英自然史博物館 V 21762
幅11cm

| **p.123** |

ライゲンラウン・クーラ
Raiguenrayun cura 花
始新世、リオネグロ州エスタンシア・
ドン・イポリート（アルゼンチン）
Museo del Lago Gutiérrez
Dr. Rosendo Pascual de Geología y
Paleontología MLG 1156
頭花の幅3cm

| **p.127** |

プロソピス・リネアリフォリア
Prosopis linearifolia さや
後期始新世
コロラド州フロリッサント化石層（米国）
大英自然史博物館 V 12384
さやの全長6cm

| **p.131** |

化石果実の詰め合わせ
assorted fossil fruits
中新世
ビクトリア湖ルシンガ島（ケニア）
大英自然史博物館（未登録標本）
最大全長10cm

| **p.135** |

ピヌス
Pinus 球果
前期更新世末
イングランド地方ノーフォーク州
ヘイズブラ（英国）
大英自然史博物館 V 68778
幅1.75cm

| **p.137** |

トリティクム・アエスティウム
Triticum aestivum 穀粒
後期完新世
イングランド地方ウィルトシャー州（英国）
大英自然史博物館 V 6622
穀粒の全長5mm

| **p.141** |

フラグミテス・アウストラリス
Phragmites australis 茎
後期更新世〜完新世
西方砂漠ファイユーム（エジプト）
大英自然史博物館 V 16854
最大全長11cm

3億4000万年前

ローレンシア大陸

ゴンドワナ大陸

2億5000万年前

テチス海

パンサラッサ海

パンゲア大陸

1億7000万年前

ローラシア大陸

パンゲア大陸の分裂

テチス海

ゴンドワナ大陸

9500万年前

大西洋の
拡大

テチス海

太平洋

南極海とインド洋の拡大

2000万年前

大西洋

太平洋

インド洋

南極海

250万年前

大西洋

太平洋

インド洋

南極海

地質年表

Geological timescale

累代	代	紀または世		年代 (単位は百万年前)
顕生代	新生代	第四紀	完新世	0.012
			更新世	2.6
		新第三紀	鮮新世	5.3
			中新世	23
		古第三紀	漸新世	34
			始新世	56
			暁新世	66
	中生代	白亜紀		145
		ジュラ紀		201
		三畳紀		252
	古生代	ペルム紀		299
		石炭紀		359
		デボン紀		419
		シルル紀		443
		オルドビス紀		485
		カンブリア紀		541
先カンブリア時代		エディアカラン紀		635
		クライオジェニアン紀		850
				4600

1 | 縦軸（時間）の縮尺は実際とは異なる
2 | 先カンブリア時代は最も新しいふたつの紀のみを表記し、代は省略した

書籍

Ash, Sidney. *Petrified Forest: A Story in Stone*. 2nd ed. Arizona: Petrified Forest Museum Association, 2005.

—

Beerling, David J. *Making Eden: How Plants Transformed a Barren Planet*. Oxford: Oxford University Press, 2019.

—

Cantrill, David J., and Imogen Poole. *The Vegetation of Antarctica through Geological Time*. Cambridge: Cambridge University Press, 2012.

—

Cleal, Christopher J., and Barry A. Thomas. *Introduction to Plant Fossils* 2nd ed. Cambridge: Cambridge University Press, 2019.

—

Crane, Peter R. *Ginkgo: The Tree That Time Forgot.* New Haven: Yale University Press, 2013.（『イチョウ 奇跡の2億年史：生き残った最古の樹木の物語』ピーター・クレイン著、矢野真千子訳、河出書房新社、2014）

—

Crawford, Robert MacGregor Martyn. *Tundra-Taiga Biology: Human, Plant, and Animal Survival in the Arctic*. Oxford: Oxford University Press, 2014.

—

Dorken, Veit Martin, and Hubertus Nimsch. *Morphology and Identification of the World's Conifer Genera*. Remagen, Germany: Kessel, 2019.

—

Falkowski, Paul G., and Andrew H. Knoll, eds. *Evolution of Primary Producers in the Sea*. Amsterdam; Boston: Elsevier Academic Press, 2007.

—

Friis, Else-Marie, Peter R. Crane, and Kaj R. Pedersen. *Early Flowers and Angiosperm Evolution*. Cambridge: Cambridge University Press, 2011.

—

Graham, Alan. *Land Bridges: Ancient Environments, Plant Migrations, and New World Connections*. Chicago; London: University of Chicago Press, 2018.

—

Hanson, Thor. *The Triumph of Seeds: How Grains, Nuts, Kernels, Pulses, & Pips, Conquered the Plant Kingdom and Shaped Human History*. New York: Basic Books, 2015.（『種子：人類の歴史をつくった植物の華麗な戦略』ソーア・ハンソン著、黒沢令子訳、白揚社、2017）

—

Hill, Robert S., ed. *History of the Australian Vegetation: Cretaceous to Recent*. Cambridge: Cambridge University Press, 1994.

—

Laws, Bill. *Fifty Plants That Changed the Course of History*. Newton Abbot, Devon: David & Charles, 2010.（『図説 世界史を変えた50の植物』ビル・ローズ著、柴田譲治訳、原書房、2012）

—

Meyer, Herbert. W. *The Fossils of Florissant*. Washington: Smithsonian Books, 2003.

—

Mitsch, William J, and James G Gosselink. *Wetlands* 5th ed. Hoboken, New Jersey: John Wiley & Sons, 2015.

—

Morley, Robert J. *Origin and Evolution of Tropical Rain Forests*. Chichester: John Wiley & Sons, 2000.

—

Scott, Andrew C. *Burning Planet: The Story of Fire through Time*. Oxford: Oxford University Press, 2018.

—

Stokland, Jogeir N, Juha Siitonen, and Bengt Gunnar Jonsson. *Biodiversity in Dead Wood, Ecology, Biodiversity and Conservation*. Cambridge: Cambridge University Press, 2012.

—

Taylor, Paul D., ed. *Extinctions in the History of Life*. Cambridge: Cambridge University Press, 2004.

—

Taylor, Paul D., and Aaron O' Dea. *A History of Life in 100 Fossils*. London: Natural History Museum, 2015.（『世界を変えた100の化石』ポール・D・テイラー＆アーロン・オデア著、真鍋真監修、的場知之訳、エクスナレッジ、2018）

—

Taylor, Thomas N., Edith L. Taylor, and Michael Krings. *Paleobotany: The Biology and Evolution of Fossil Plants* 2nd ed. Amsterdam; Boston: Academic Press, 2009.

—

Wilsey, Brian J. *The Biology of Grasslands*. New York: Oxford University Press, 2018.

ウェブサイト

植物園自然保護国際機構
https://www.bgci.org/

—

Botanical Society of Britain & Ireland
https://bsbi.org/

—

Botanical Society of America
https://cms.botany.org/home.html

—

世界植物保全戦略 2011～2020 年
https://www.cbd.int/gspc/

—

International Organisation of Palaeobotany
https://palaeobotany.org/

—

ロンドン・リンネ協会
https://www.linnean.org/

—

キュー王立植物園の「ミレニアム・シード・バンク」
https://www.kew.org/wakehurst/whats-at-wakehurst/millennium-seed-bank

—

OneZoom
（生物群の系統樹を視覚的に理解できるインタラクティブ・マップ）
https://www.onezoom.org/

—

Palaeontological Association
https://www.palass.org/

—

スヴァールバル世界種子貯蔵庫
https://www.seedvault.no/

—

シドニー王立植物園
https://www.rbgsyd.nsw.gov.au/

—

世界のソテツ類リスト
https://cycadlist.org/

写真提供 | Picture credits

謝辞 | Acknowledgements

　大英自然史博物館の化石標本の大部分を忍耐強く撮影し、素晴らしい写真に仕上げてくれたエイミー・マッカードルとジョナサン・ジャクソン、学芸員としての助言を添えながら撮影用の化石標本を手配してくれたペタ・ヘイズ、南北極の写真手配を担当したジェーン・フランシス、初期の原稿に目を通して有益なコメントと提案の数々を授けてくれたピーター・クレインに多大なる謝意を表したい。化石標本や画像の手配で協力を惜しまなかった多くの仕事仲間と、挿絵やデザイン、ほかもろもろの情報、サポートと意見を数多く提供してくれた以下の方々にも心からお礼申し上げる。ピーター・アップルトン、アレックス・ボール、ビビアナ・バレダ、エマ・バーナード、クリス・ベリー、リチャード・ビズリー、サラ・バトラー、ニック・バターフィールド、クリス・クリール、ダイアン・エドワーズ、エルス・マリー・フリス、ロビン・ハンセン、ジェリー・フッカー、ポリアンナ・フォン・クノリング、ビクター・レシェック、マーク・ルイス、スティーブ・マクローリン、クレア・メリッシュ、サイモン・パーフィット、ヘレン・ペーターズ、アンドリュー・スコット、ウィリアム・スタイン、キャロライン・ストロンバーグ、クリスティーン・ストゥルール・デリアン、ポール・テイラー、バリー・トーマス、ヤツェク・ウェイジャー、スザンナ・バブジニャク、ホビタ・イェシリュート。最後に、大英自然史博物館の出版部と画像管理部門のスタッフのおかげで本書が発刊できたことに深く感謝する。

著者　**ポール・ケンリック** | Paul Kenrick

英国ロンドンにある大英自然史博物館の研究科学者。学生時代に古代植物クックソニアの化石と
出合って以来、植物に強い情熱を抱く。おもな研究分野は、古生代の初期植物の進化と、陸上生
物の進化における植物の役割について。中生代の植物相や、恐竜と植物の共進化にも造詣が深い。
70を超える論文と、植物の進化をテーマにした書籍を2冊上梓している。

訳者　**松倉 真理** | Mari Matsukura

千葉県生まれ。日本大学芸術学部放送学科卒。広告制作会社、Webメディア運営会社に勤務し
たのち、英語とスペイン語の翻訳に携わる。現在は実務翻訳を中心に活動中。

日本語版監修者　**矢部 淳** | Atsushi Yabe

国立科学博物館地学研究部生命進化史研究グループ研究主幹。専門は古植物学。日本列島の植
物相の成立史を理解するため、新生代を中心に、化石に基づいた植物の系統分類と古生態、環境
との関係や植物地理について研究している。2012年から現職。国立科学博物館が所蔵する日本
最大の古植物コレクションのさらなる充実と、利用促進のためのデータベース整備にも取り組んで
いる。著書に『砂漠誌─人間・動物・植物が水を分かち合う知恵─』(2014年、共著、東海大学
出版部)、『日本の気候変動5000万年史：四季のある気候はいかにして誕生したのか』(2022年、
共著、講談社)、『山火事と地球の進化』(2022年、解説執筆、河出書房新社)、『古生物学の百
科事典』(2023年、監修・分担執筆、丸善出版) など。

大英自然史博物館シリーズ | 5

世界を変えた50の植物化石

2023年7月31日　初版第一刷発行

著者	ポール・ケンリック
訳者	松倉真理
監修者	矢部 淳
発行者	澤井聖一
発行所	株式会社エクスナレッジ
	〒106-0032　東京都港区六本木7-2-26
	https://www.xknowledge.co.jp/

問合先

編集	Tel: 03-3403-1381 ｜ Fax: 03-3403-1345 ｜ info@xknowledge.co.jp
販売	Tel: 03-3403-1321 ｜ Fax: 03-3403-1829